国家科学技术学术著作出版基金资助出版

泄洪消能环境影响综合评价方法与技术

张建民　祁永斐　著

科学出版社
北京

内容简介

水利工程泄洪消能对河流及其周边环境生态造成诸多影响，是水利工程建设运行调度必须研究解决的重大问题。本书对泄洪消能环境影响的评价理论、评价指标体系构建、评价模型、评价方法与技术等基础理论和技术体系进行系统阐述和介绍。采用定量指标和定性指标相结合的方法，综合运用泄洪消能过程系统仿真与直觉偏好模糊数学相关理论和方法，对泄洪消能环境影响的指标体系、评价体系、评价模型、评价理论等方面开展深入、系统的分析研究，并提出环境影响综合评价方法与技术。

本书可供水利工程设计运行与管理人员，以及环境生态保护专业研究人员和工作者参考，也可供水利工程、环境工程等相关专业的高等院校师生参考。

图书在版编目(CIP)数据

泄洪消能环境影响综合评价方法与技术 / 张建民，祁永斐著. —北京：科学出版社，2024.9

ISBN 978-7-03-061768-2

Ⅰ. ①泄… Ⅱ. ①张… ②祁… Ⅲ. ①泄洪消能–环境影响–评价 Ⅳ. ①TV135.2

中国版本图书馆 CIP 数据核字（2021）第 145338 号

责任编辑：华宗琪 / 责任校对：崔向琳
责任印制：罗　科 / 封面设计：义和文创

科学出版社 出版
北京东黄城根北街16号
邮政编码：100717
http://www.sciencep.com

四川煤田地质制图印务有限责任公司 印刷
科学出版社发行　各地新华书店经销

*

2024年9月第　一　版　开本：B5（720×1000）
2024年9月第一次印刷　印张：9 1/4
字数：186 000

定价：99.00 元

（如有印装质量问题，我社负责调换）

序

随着流域水电开发的飞速发展，水利水电工程在防洪、发电、灌溉、供水等方面发挥巨大的社会和经济效益。与此同时，工程泄洪消能也不可避免地对生态环境造成一定的不利影响。特别是随着越来越多的高坝工程投入使用，泄洪消能引起的冲刷、振动、雾化、总溶解气体过饱和等生态环境影响也越来越受到关注。如何评价这类环境影响，成为高坝工程安全运行中的重要研究课题。

近 10 年来，作者及所在研究团队专注于高坝工程泄洪消能及其环境影响这一重要课题，在高坝工程泄洪消能主要环境影响因素识别、环境影响指标体系、评价体系、评价模型、评价理论及其技术方法构建等方面开展了大量的机理分析、模型试验和数值模拟研究，取得了丰硕的研究成果，建立了高坝工程泄洪消能环境影响综合评价方法与技术，提出了水利工程泄洪消能系统仿真模型和基于直觉模糊理论相结合的泄洪消能环境影响综合评价理论与方法，并应用于实际工程。

《泄洪消能环境影响综合评价方法与技术》一书系统梳理和介绍了泄洪消能环境影响的理论知识和国内外最新进展，是作者及其所在研究团队多年来的科研实践和研究成果的结晶，内容包含目前水利泄洪消能环境影响综合评价理论、方法及其技术研究领域的重要前沿进展。该专著内容丰富、结构严谨、思路明确、阐述清晰、理论分析严密，可供水利工程和生态环境保护专业本科生或研究生使用，亦可供水利工程和环境工程相关领域技术人员参考使用。该专著的出版有助于提高国内外有关泄洪消能环境影响评价方法与技术的水平，为水利工程安全运行及其生态环境保护功能的有效发挥提供重要理论和技术支撑。

作者及其研究团队持续得到了国家自然科学基金、国家重点研发计划的资助。《泄洪消能环境影响综合评价方法与技术》的出版，既是对既有成果的总结，也是研究道路上的新起点。水利工程安全运行和生态环境保护功能维持是现代水利工程建设必须遵循的基本原则，这方面的任何研究成果都弥足珍贵，作者及其所在团队任重而道远，在此希望其团队行而不辍，履践致远；同时，也期待越来越多的国内外同行加入这一领域的研究，不断探索和创新，共同建设生态友好型水利工程，推动河流保护与治理研究更上一层楼。

中国工程院院士　许唯临

2023 年 10 月

前　　言

水利水电工程是水资源利用和水能资源开发的重要基础设施，泄洪建筑物是水利水电工程的重要组成部分，泄洪消能会引起下游河道冲刷破坏、下泄水温的改变、下泄水流总溶解气体过饱和、雾化影响、周围地基及其构筑物振动等问题，这些对周围环境生态产生重要影响是普遍的共识。因此，如何评价泄洪消能对环境的影响逐渐被大家关注。近年来，随着我国流域水电梯级开发及高坝建设取得巨大成就，水利水电工程泄洪过程对环境生态的影响及其评价问题日益凸显，关于这一领域的研究成果不断增多，但是迄今尚缺乏一本系统介绍水利水电工程泄洪消能环境影响综合评价方法和技术的专著。

作者对泄洪消能环境影响及其评价方法的研究起步于 2018 年获批的国家自然科学基金项目“气泡卷吸和溶解过程机理及 LBM 模型研究”。在此期间，结合向家坝、三板溪、瀑布沟、锦屏Ⅰ级等工程科研委托项目，作者开展了大量的相关研究，这些工作为形成本书研究成果提供了重要支持和保障。本书的出版得到了国家杰出青年科学基金“水利水电工程泄洪消能与防洪保护”(NO.51625901)、国家重点研发计划项目“水利工程环境安全保障及泄洪消能技术研究”(2016YFC0401700)和国家科学技术学术著作出版基金的联合资助。

本书在撰写过程中，瞄准国际学术前沿，查阅分析了国内外大量文献资料，并将作者近年来在该领域系列研究成果和学术观点贯穿其中。作为泄洪消能环境影响综合评价方法与技术研究方面的专著，本书对泄洪消能环境影响的综合评价理论、评价方法、评价模型和评价技术进行了详尽的阐述。

本书第 1 章旨在介绍泄洪消能环境影响评价技术发展及现状，明确研究内容、研究方法和技术路线。第 2 章介绍运用系统动力学基本理论和综合评价理论构建泄洪消能环境影响评价理论。第 3 章通过泄洪消能环境影响综合评价的指标体系和评价标准建立相应的评价体系。第 4 章运用完整直觉模糊理论构建泄洪消能环境影响综合评价模型，构建基于直觉模糊偏好关系权重向量优化模型。第 5 章结合实际工程的泄洪消能过程水力仿真模型对泄洪消能环境影响综合评价模型进行有效性检验。第 6 章结合工程实例对不同泄洪情景开展泄洪消能环境影响综合评价，提出减缓环境不利影响的措施，为工程运行调度优化提供重要参考依据。

本书在撰写过程中得到科学出版社的大力支持与帮助，科学出版社为本书的出版付出了诸多辛劳，在此表示衷心感谢。限于作者水平，书中难免存在不足，恳请读者批评指正。

作　者

2023 年 12 月于四川大学

目　　录

第1章　绪　论

1.1　研究背景与意义

1.1.1　研究背景

水利工程具有供水、防洪、灌溉、养殖、航运等诸多功能，是开发水能资源重要的基础设施，对国民经济具有显著的推动作用以及重要的社会价值。我国的水能资源主要分布在西南地区大中型河流。西南地区河流大部分具有落差较大、河谷狭窄、山高坡陡等流域环境复杂的特点，导致西南地区大型水利工程的泄洪建筑物都具有水头高、流量大、河谷狭窄和泄洪功率大的特点，泄洪建筑物泄流时，携带巨大能量，必须在坝下河床较短距离内集中消减能量，如果处理不当，会造成泄洪建筑物破坏，影响水利工程的安全运行，因此为了尽可能在进入下游河道前消减高速水流的能量，研究方向主要集中在泄洪建筑物的布置形式和新型消能工体型方面。但是随着新型消能工的采用，会不可避免地带来一些环境影响问题，大型水利工程在运行时对流域环境产生的影响主要包括生态环境的影响、下游居住环境的影响和工程自身的安全影响。汛期泄洪时，产生总溶解气体(total dissolved gas，TDG)过饱和[1]、泄洪雾化[2]、冲刷[3]以及振动[4]等一系列特殊的现象，对流域可持续性发展产生一系列不利的影响(图 1.1)。其中，主要包括：①泄洪消能过程中产生的泄洪雾化现象和河道河床的冲刷不利于岸坡的稳定，如李家峡、二滩等工程都因泄洪雾化引起了不同规模的山体滑坡灾害[5]。②下游河道水流产生 TDG 过饱和引起鱼类的死亡，如三峡和向家坝水电站泄洪使水体 TDG 过饱和，导致下游河道死鱼现象时有发生。③泄洪消能水体紊动引起消能区结构的流激振动及周边场地振动，向家坝水电站在泄洪消能设计中曾经遇到泄洪诱发场。不仅影响枢纽建筑物的安全，同时产生的低频振动向下游居民区传播，对建筑物安全和居民生产生活产生一定的影响。因此，构建泄洪消能环境影响综合评价技术及方法成为泄洪建筑物优化和生态友好型水利工程运行的重要指导和约束。

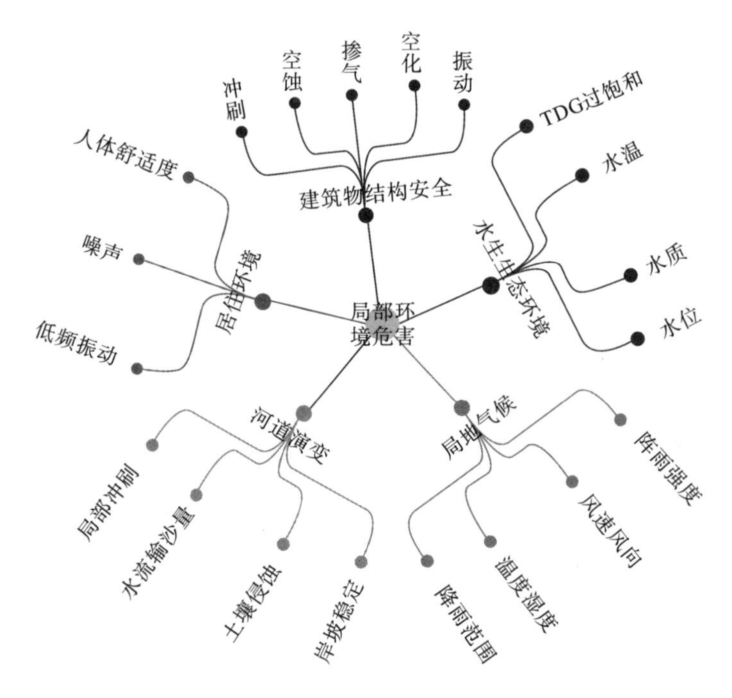

图 1.1 泄洪引起的环境问题

环境影响评价主要以系统工程理论为基础，运用不同的评价方法，以定量或定性为主，对评价对象存在的危险因素和有害因素进行识别、分析和评估，通过分析结果给出可行的、合适的安全对策。研究泄洪消能环境影响综合评价方法与技术的意义有以下几点。

(1) 保障水利工程项目建设运行及下游地区的安全与稳定，并充分发挥经济效益。

(2) 从系统论的视角研究泄洪建筑物运行-环境破坏-减缓技术的机理与方法，进一步丰富高速水力学理论与实践的研究内容。

(3) 建立系统的、全面的泄洪消能环境影响综合评价体系，并提出泄洪消能关键技术问题的控制指标及定量标准，为泄洪建筑物的优化及新技术的开发利用提供支撑和参考，也为已建、在建和将建的大型水利工程泄洪消能环境影响综合评价及预测提供更为全面、细致的指导意见。

面向可持续发展和生态文明建设总要求，人类的任何活动都应该限制在生态系统的弹性范围之内。流域水利工程影响区域生态系统是一种人类主导的复杂动态系统，其中包括经济、社会、资源和环境等多种要素，水利工程的重心是水资源的开发和合理利用；与此同时，在泄洪消能过程中伴随着对下游河道生态环境以及周边土地资源的损害。因此，水利工程发展受到环境承载力的限制。鉴于此，泄洪过程对生态环境的影响是在一定时空尺度范围内的水电站系统-社会经济-生态环境系统。本书整理归纳水电站运行过程中造成的环境生态问题，如表1.1所示[6-10]。

表1.1　泄洪消能造成的环境影响

环境要素	环境危害	影响因素	影响方式	影响结果
河床演变	泄洪冲刷	冲坑深度，挑坎体型，下游水深，单宽流量，地质条件，含沙量	①冲坑较深；②冲坑下游堆积物较多；③回流淘刷岸坡	①河床变形；②抬高尾水位，影响出力和通航等功能；③岸坡失稳，危害工程运行安全
水生动植物环境	TDG过饱和	TDG浓度，气体滞留时间，鱼类规避空间	①气泡病；②破坏水体酸碱平衡	鱼类患气泡病，水质变换导致水生动植物多样性降低
岸坡稳定	泄洪冲刷、泄洪雾化	岸坡岩土体稳定性，泄洪流量，泄洪消能方式	河道岸坡崩塌破坏	降低植被覆盖度，水土流失严重
局地气候	泄洪雾化	掺气	增加降雨和湿度	局部降雨强度增加，影响电站安全运行
振动	低频振动、高频振动	消能方式	闸门振动、噪声	居民生活舒适程度降低、影响电站安全

1.1.2　研究意义

人类行为对水资源的影响分为宏观层次上的间接干预和区域层次上的直接干预，而水电站的开发和运行是人类行为最直接的表现，流域水电站系统是人工系统(人类行为)与自然系统(流域生态环境)的复合系统，既要考虑社会经济的需求，又要受到生态环境的制约；同时，水电站的运行又会导致生态资源系统的变异，影响社会经济的发展，因此水电站的运行本质上就是水电站系统、社会经济系统、生态环境系统相互耦合的复杂系统。正因为三者具有相互依存、互为因果的联系，人类任何不适当的行为都将使双方受到损害，伴随各大流域巨型水电站的相继投产运行以及全国互联智能电网的平稳有序推进，特大流域梯级水电站群已逐步成为承载多重利益主体诉求的运行单元，对水资源优化配置、带动经济发展起到极大促进作用的同时，也产生了水生生态环境破坏、地区发展不协调、不均衡等严峻问题，我国水电工程进入由建设到管理运行的关键转型期。因此，基于系统理论和决策学理论，研究工作面向长江中上游大型水利枢纽不断建成与投运背景下流域梯级联合优化运行所面临的关键科学问题与技术瓶颈，探索水电站系统-社会经济-生态环境系统互馈耦合关系以及动态演化规律，研究适用于流域梯级大规模水电站群联合运行对环境和社会影响的动态规律与多属性优化决策理论与方法，定量描述评价大型水利工程对生态、社会系统的影响以及对水库群联合运行方案的优化优选，对生态文明建设和流域生态安全、流域社会安定和经济稳定发展具有重要意义；同时，也为提高水电站运行管理水平、充分利用水资源、改善水生态环境、推动区域协调可持续发展提出指导意见。

1) 理论意义

以“一体两面”的观点，构建水电站系统-社会经济-生态环境系统仿真模型和评价决策体系(图 1.2)。

“一体”是指水电站系统、生态环境和社会经济是一个不可割裂的有机整体，水电站运行是流域可持续发展相互影响和相互制约的完整系统。“两面”指的是通过两个方面分析研究整体体系：一是从宏观理论出发，根据元素之间相互影响的关系，综合考虑水电站运行的目标和准则，构建基于网络分析法的水电站运行对社会、环境影响的评价决策体系，同时这也是一个静态的分析过程；二是从微观机理出发，探索水利工程对生态环境的影响、水利工程对社会经济的影响以及生态环境与社会经济相互影响的动态过程，对水电站系统-社会经济-生态环境系统因果关系进行仿真模拟，这也可以看作一个动态的演化过程。从系统协调理论的角度，指标体系是在宏观方面的全局控制，仿真模拟是在微观方面的动态调整，两方面互相调整、相辅相成，最终获得区域协调可持续发展背景下生态、社会经济、水电站系统内部互馈机制与耦合演化过程，为合理解决水电站运行多属性决策问题提供新思路和方法。

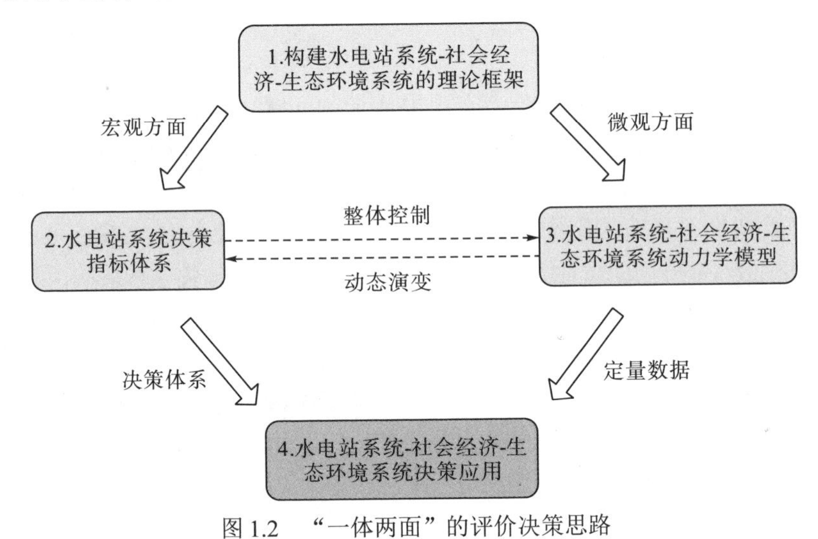

图 1.2 “一体两面”的评价决策思路

2) 实际意义

实现了系统仿真模拟与模糊多属性决策结合的研究途径，为水电站运行方案优选决策提供新的方法。

基于系统动力学(system dynamics，SD)的水电站系统-社会经济-生态环境系统模型能反映出水电站运行对社会、环境动态影响以及趋势预测的过程，并提供定量数据，但不能得到水电站运行的最优解；而模糊多属性决策就是在综合考虑多个属性、决策过程存在不确定性和犹豫性的情况下，对水电站的运行方案进行优选排序，找到最适合水电站系统-社会经济-生态环境系统可持续发展的水电站运行方案。将这两种方法结合，既能得到水电站运行影响机制与动态过程，又可以搜寻以生态环境为前提兼顾社会经济发展情况下水电站运行的最适合方案。为流域水电站管理以及区域协调化发展提供新的方法和研究途径。

1.2 泄洪消能环境影响评价技术发展及现状

1.2.1 环境影响评价研究现状

大型高坝水利枢纽工程一般具有泄量大、水头高、泄洪总功率和泄洪单宽功率大等特点，特别是位于西南地区河谷狭窄位置的水电站，泄洪消能与防冲保护问题十分突出[11]。泄洪消能过程中产生环境破坏问题，如振动、冲刷、雾化、TGD 过饱和等以及工程结构破坏问题，空蚀空化[12]、掺气[13]、水流脉动[14]等现象随之产生。由于这些破坏机理尚存在一定的不确定性，同时由于测量手段和试验方法的不完善，对环境影响实时监测数据的获取产生很大的障碍。因此，目前还没有形成相对通用的泄洪消能环境影响评价理论和方法。

环境影响评价的概念最早是由美国的柯德维尔教授在 1964 年加拿大召开的“国际环境质量评价”会议上首次提出的，美国是较早建立环境影响评价法律体系的国家之一，在 20 世纪 70 年代初就已建立了较完善的环境影响评价法律体系，该体系的建立保证了国家环境目标的法律地位，也为各项环境政策的实施提供了依据。20 世纪 90 年代，英国的 Lee、Wood 和 Walsh 等提出“战略环境影响评价”的概念[15]。Therivel 和 Wilson 等在其合著的《战略环境评价》中正式给出环境评价的定义。之后美国的项目环境影响评价内容又逐步涉及了项目的累积、叠加等环境影响问题，并提出了“环境累积影响评价”[16]、“叠加环境影响评价”[17]、“总体环境影响评价”[18]、“区域环境影响评价”[19]的概念和评价内容、评价方法等。在环境影响评价方法的研究方面，经过数十年的发展和改进，目前的环境影响评价方法已经初步形成了一套较为成熟的研究体系。目前，环境影响评价的方法按照数据获取程度主要划分为三种：定性分析法、定量分析法以及综合评价法，其中定性分析法主要包括打分法、清单罗列法、矩阵法、叠图法和网络法等；定量分析法则有分级加权法、矩阵分析法、环境质量指标法、灰色关联方法等；综合评价方法有模糊综合评判法以及以传统层次分析为主的混合评估方法等。

我国项目环境影响评价工作是从 20 世纪 80 年代逐步发展起来的，我国的环境影响评价发展过程主要经历五个阶段，分别是引入和确立、规范和建设、强化和完善、提高、拓展。在水利工程领域，由于水利工程建设以及运行产生的不利影响涉及生态、经济、社会等较多领域，现阶段的环境影响问题尤为突出，许多专家学者对此做了大量研究，并探讨了一系列适用于水利工程的环境影响评价方法。薛联芳等[20]在水电规划环境影响综合评价中引入了综合评价指数模型；张占云[21]建议建立对拟建水利工程对环境影响的评价制度，并提出了环境影响评价内容主要分为陆地环境影响及河流环境影响两部分。赵文英[22]分析了水利水电工程对局地气候、生态水环境、周边陆地环境以及对动植物等方面的影响，并提出水利水电工程环境影响后评价方法。李宇巍[23]从自然、社会、经济三方面考虑，建立了包含 11 项指标的水利工程环境影响评价体系。

尽管水利工程环境影响评价方法很多，但各方法均有一定的适用条件，如何找到一种方法或几种方法的集成以适应泄洪消能环境影响的特点，并筛选指标综合集成是研究的重点和难点；另外，一些传统的定性指标如何量化也是需要进一步探索的问题；在水电站开发前期决策阶段进行环境系统规划和对环境影响进行全面系统评价的要求还有待进一步落实。

1.2.2 多准则评价决策方法研究

多准则决策理论主要研究在具有相互冲突、不可共度的有限(无限)方案集中进行选择的决策。它是分析决策理论的重要内容之一。根据决策方案是有限还是无限，分为多属性决策与多目标决策两大类。多准则决策理论一经问世，就被国内外学者广泛应用。但随着经济的快速发展、科技的巨大变化等，诸多实际决策问题越来越复杂，决策者面对的决策环境复杂多变，决策信息存在不确定因素，不确定性决策问题也成为国内外决策者研究的重点和热点[24-26]。尤其是在水利工程运行决策方面，存在很多机理不确定、收益与环境保护相互矛盾、决策者知识欠缺等复杂的情况，多准则评价决策的应用尤为重要。

研究某一领域的多准则决策问题，其描述为：设 X、G、w、 p 分别为备选方案集、准则集和以理想方案为参照对象的权重向量、以临界方案为参照对象的权重向量。决策者对各备选方案按各准则进行评价，根据现有的方法对备选方案排序，获得一个最佳决策的方案。本书对于水电站汛期泄洪消能过程中独特的水力学现象，拟从静态环境下的完整直觉模糊信息和不完整直觉模糊信息两个角度对基于直觉模糊信息的多准则决策问题现状展开研究。

1. 直觉模糊理论研究现状

直觉模糊集[27]是 1986 年由保加利亚学者 Atanassov 在 1965 年 Zadeh 的模糊集理论基础之上提出来的，作为模糊集的一种拓展，指出一个元素属于一个集合的隶属度、非隶属度和犹豫度，强有力地描述了客观事物“非此非彼”的不确定性，可以同时表述支持、反对、中立三种状态，克服了模糊集二分法的局限，因此它比传统的模糊数集能够更细腻地描述和刻画客观世界模糊性本质。直觉模糊数(intuitionistic fuzzy number，IFN)是由隶属度、非隶属度和犹豫度来描述实数域上的直觉模糊集的，是模糊数学分析学中重要的基础概念[28]。Chen[29]提出的直觉模糊数可表示这类不确定情况，但实际运算较复杂，且运算受限于三角模糊数和梯形模糊数。Xu[30]对静态直觉模糊数进行了理论研究，并将其应用到多准则决策中。郭嗣琮[31]给出直觉模糊数集上理想和下理想概念，并基于结构元理论给出了直觉模糊数的运算法则、距离和序列收敛性，讨论了相应的性质，提出了直觉模糊数结构元表示的多准则排序方法。有关学者对直觉模糊数集进行了有益的探索：汪新凡[32]定义了直觉模糊数集的几种运算法则，在此基础上提出了几种新的几何集成算子，如直觉模糊数有序加权几何算子，并在此基础上提出一种准则权重已知、评价值为直觉模糊数形式的多准则决策方法。戴厚平[33]通过定义的直觉模糊数集的得分函数，给出了准则权重信息未知、评价值为直觉模糊数的多准则决策方法，并通过示例对该决策的具体方法和步骤进行详述及有效性说明。但针对直觉模糊信息的相关理论研究相对较少，而该类问题研究的实际应用价值较高，因此进一步探索和研究直觉模糊数集有关理论具有重要的意义。

2. 不完整直觉模糊信息

在使用偏好关系对水电站运行环境影响进行评价决策时，决策者可能会给出不完整偏好关系。这主要是由于决策问题过于复杂，决策者难以提供关于所有方案的两两比较信息，同时也可能由于决策者对决策问题的背景缺乏了解，受到自身经验和知识的限制，或者决策者因为一些特殊的原因避免给出关于一些方案的比较。对基于不完整偏好关系的群决策问题，通常有两种解决办法：一是先估计偏好关系的缺失元素，再对偏好关系进行集成；二是通过建立优化模型直接确定方案的排序权重向量。

这一领域的代表性工作总结如下。徐泽水给出了残缺互补判断矩阵的概念，研究了其性质，并给出了确定排序权重的一种简捷方法。Xu[34]基于语言偏好关系的加性一致性，给出了估计语言偏好关系缺失元素的方法，并提出了一种基于残缺语偏好关系的群决策方法。针对不完整直觉模糊偏好关系，Herrera-Viedma 等[35]基于加性一致性，给出了估计缺失元素的方法。Bordogna 等[36]基于直觉模糊偏好关系的一致性，建立了最小化全局非一致性指标的优化模型来估计缺失元素。Kumar 和 Singh[37]针对具有不完整模糊偏好关系的群决策问题，建立了使群体评价与个体评价之间偏差最小的非线性规划模型，通过求解这一模型来确定方案的排序权重向量。Chiclana 等[38]定义了直觉模糊偏好关系的积性一致性，并基于此提出了估算不完整模糊偏好关系缺失元素的方法。

3. 数据类型混合的多准则决策研究现状

不确定性数据类型混合的多准则决策多是用于解决类似水电站对某些调度方案进行选择时，做出合理的决策。有些因素是客观存在的评价准则，而有些因素则是要评价者主观给出评价信息的主观评价准则，这些评价准则的数据信息若从各种方面考虑搜集，即多种数据类型，则对现实的表述更为真实[39,40]。同时，与采用精确数相比，采用直觉模糊数、区间直觉模糊数等描述决策矩阵，能更加细腻地描述客观现象，而这种含有多种数据类型信息的多准则决策问题为不确定混合型多准则决策问题。其中，因数据类型不同带来的数据处理方法不同，从而导致决策信息集结方法等也不同，决策准则值度量标准差异，这是该决策问题的一个难点。针对类似问题，国内外有关学者进行了有力的研究并在各自领域取得了有益的进展。例如，Ebrahimi 等[41]研究了语言值判断矩阵和数据判断矩阵混合的、带有一定偏好信息的混合评价信息集结规则；Chiclana 等[42]给出了含有效用值、序关系值和模糊互补判断矩阵等混合评价信息的决策方法。徐泽水和孙在东[43]针对直觉模糊数、区间直觉模糊数和语言型评价信息等三种形式偏好信息情况，提出了新的决策方法。戚筱雯等[44]也针对评价信息为直觉模糊数、区间直觉模糊数和语言型决策问题，利用定义的转换函数给出了一种准则权重未知的决策方法，且在物流公司选择问题中得到了有效验证。

1.2.3 泄洪消能环境影响评价方法

环境评价是针对多个对象具有的属性进行比较，并通过主观或客观的度量方法，对被评价对象进行择优的过程[45]。泄洪消能的环境影响评价过程与人类活动(运行制度)和人类关系(水电站效益与环境保护)的科学问题密切不可分割，这是一个非常重要的问题。评价过程就是一项专家学者广泛参与其中的社会活动，是伴随水电站开发建设以及运行等系列活动的形成而发展起来的。环境影响评价属于综合评价的一种，是指对评价目标进行某种层面或某种角度的评估，是在考虑评价目的的基础上，通过测定或衡量评价对象的某个或某些属性，来综合评估其在某一时间节点或某一时间段内的性能、业绩、功能或效能等。综合评价是一项系统性和复杂性的工作，是人们认识事物、理解事物并影响事物的重要手段之一，它是一种管理认知过程，也是一种管理决策过程，在经济、社会、科技、教育、管理与工程实践等领域具有大量广泛的应用。

综合评价在各领域的重要性体现在 4 个方面：

(1) 是深刻理解和客观认识被评价事件的重要手段；

(2) 是对评价对象进行排序和优选的决策基础；

(3)是改善实践过程、优化管理措施的关键支撑；

(4)是实施奖惩等管理行为的重要依据。

针对综合评价的重要性，学者开展了大量的理论和实践研究并取得了丰硕的成果。综合来看，这些研究主要集中在 7 个方面：①评价目的与流程的确定与设计；②指标体系的构建；③指标权重与价值的确定；④数据的获取与处理；⑤评价信息的融合；⑥评价结果的运用；⑦综合评价的实践应用。综合评价方法是综合评价的核心问题，是获取综合评价结论的重要途径和工具。据不完全统计，国内外综合评价方法有上百种之多，常用的环境影响综合评价方法大致可以分为五类，其原理、常见方法和特点见表 1.2。

表 1.2 环境影响综合评价方法[46-54]

评价方法	原理	常见方法	特点
定性方法	通过语言或文字来描述事件、现象和问题	专家打分法、德尔菲法	不能或者难以量化的对象系统，或对评价的精度要求不是很高
定量方法	评价者围绕被评对象的特征，利用数据或语言等基础信息对被评对象进行综合分析和处理并获取评价结果的方法	层次分析法(analytic hierarchy process，AHP)、网络分析法(analytic network process，ANP)、模糊数学法、人工神经网络(artificial neural network，ANN)	应用较广泛，基本囊括了可解决结构化和数据化等确定性信息的方法，也可解决一些非结构化、语言型、随机型、灰色、模糊等不确定性信息的方法
基于统计分析的方法	应用统计学理论，本质上属于定量方法	主成分分析法(principal component analysis，PCA)、因子分析法、聚类分析等	依赖大量的统计数据
基于目标规划模型的评价方法	基于多目标决策和多属性决策的思想，利用运筹学中的目标规划模型，对评价方案进行择优	数据包络分析法(data envelopment analysis，DEA)、逼近理想解排序法(technique for order preference by similarity to an ideal solution，TOPSIS)等	适合多目标和多属性决策领域，其特点是择优而非排序
多方法融合的评价方法	利用不同评价方法的特点和优势，将多个不同的评价方法同时运用于一个综合评价问题中，以提高综合评价的质量	组合赋权法、组合评价方法、多个信息集成方法的融合方法等	取长补短，目前研究较多

泄洪消能环境影响的综合评价，是一个多目标、多层次的决策问题，涉及对水利工程项目的社会、技术、环境、生态等诸多方面因素的综合分析和比较。国内外对水利工程环境影响评价涉及内容多而复杂，包括资源、环境、人口、经济和社会发展等多方面因素，在评价手段上一般采用定性与定量相结合的方式，评价方法方面也尚未形成统一和成熟的方法，选取时因人而异、因目标而异。近些年，数学模型使用日渐广泛，评价方法不断创新，因而评价结果的定量化水平和精确程度出现较大提升，应用领域更为广泛和深入。结合泄洪消能环境影响的特

点，本书拟借助指标体系法开展泄洪消能环境影响评价。在指标体系评价中，对泄洪消能过程的研究目前还没有形成普遍通用的评价模型和指标计算方法，目前针对区域综合评价指标计算提出的各种方法非常多样，常见各方法的基本情况和适用范围见表 1.3。

表 1.3 常用的环境影响综合评价方法特点[55-57]

评价方法	优点	缺点	备注
层次分析法	①把问题层次化，分层确定权重后进行组合确定综合指数，减少了传统主观定权误差；②在不减少原始信息量的条件下，把定性量化为定量目标；③通过指标的横向和纵向比较，可找出薄弱项，帮助改进评价对象	①构造的判断矩阵不同，评价结果也可能不同；②运用 9 标度法对指标进行两两比较，容易判断失误；③当各指标经过加权平均、分层综合后，指标值易被弱化	一般仅用于方案选优
模糊综合评价法	能对呈现模糊性的资料做出比较科学、合理、贴近实际的量化评价	①重视主要因素而忽视次要因素，评价结果不全面；②指标较多时，构建权向量与模糊矩阵不匹配，易导致评价失败；③计算复杂，对指标权重向量的确定主观性强	适于各种非确定性问题
数据包络分析法	①适用于多输入-数据包络-多输出的复杂系统；②由指标因子的实际数据求得最优权重，剔除人为误差；③易于找出薄弱项加以改进	①表征评价单元的相对发展状况，无法表示实际水平；②权重随决策单元的不同而不同，使得各个单元缺乏可比性	对同一类型研究单元进行相对有效性分析
人工神经网络法	①模拟大量人脑神经元之间的协同作用，具有自学习功能、联想存储功能等；②具有高速寻找优化解的能力	①需要大量样本先进行训练，且样本须先由其他方法计算得到；②评价条件变化时还需借助传统方法得到训练样本模式；③权重没有具体意义	适于复杂非线性问题，通过对大量样本自学习进行预测
灰色关联分析法	对样本量无要求，计算量小，同样适用于对系统数据资料较少和不满足统计要求等情况	①“权重”的确定比较烦琐；②只能得出指标由“好”到“差”的相对顺序，不能得出绝对水平	分析系统关联程度
熵值法	①对资料信息利用较充分；②对取值大的指标更敏感	①权重赋值有时不够合理；②不能很好地处理指标相关联的情形	根据指标变异程度确定权重
逼近理想解排序法	①对样本量没有特殊要求；②充分利用现有的数据信息，多符合实际情况；③排序确定评价目标的优劣	①不能处理指标相关联的情形；②不能对每个评价对象分类分层，灵敏度不高	构建理想目标进行排序和评价

根据表 1.3 的内容，在不同时期，根据某些特定问题的条件和特点提出了各种不同的评价方法，以上方法在解决不同评价决策的问题时均有优劣，不存在绝对好或不好的评价方法。在实际问题中，单一综合评价方法的结果可能具有一定的缺陷，为了避免这种不足，一般将两种或者两种以上的方法组合起来，得到更为科学合理、准确有效的评价结果，这种方法称为组合评价方法。组合评价方法主要通过组合权重和组合结果排序两种方式进行划分，对单一评价方法进行组合时，评估者按照评价特点和研究目标筛选不同的方法，这就导致组合方法具有一

定的主观性。除此之外，解释评价结果的合理性和准确性具有一定的问题，主要原因在于通过组合方法将某两种评价方法组合后，评价结果变得较为抽象，不易把握评价结果的解读，对下一步的分析和探讨存在一定的争议。因此，使用组合评价方法时应注意三方面的问题：第一，不能简单地认为组合评价方法完全优于某种单一综合评价法，也不能完全取代单一综合评价法。第二，组合评价方法只是从评价方法的选择上做了改进，其评价过程依然存在主观性。第三，为了确保评价结果的正确性，组合评价方法在使用过程中要做好模型构建、指标选取、事后检验等多个阶段的工作，只有在确保各阶段都规范合理的情况下才能保证评价结果的有效性。

1.3　研　究　内　容

采用“一体两面”的分析方法，结合雅砻江、金沙江下游区域社会发展和生态要求，分析并模拟典型水电站运行对环境、社会的影响，并对适合社会和谐发展、环境协调发展的水电站运行方案进行评价决策。

1) 可持续发展背景下，水电站系统-社会经济-生态环境系统动态演化内涵

整个水电站系统-社会经济-生态环境系统由社会经济子系统、生态环境子系统和水电站子系统构成，各个子系统之间的因果关系体现的是水电站系统与社会经济、生态环境之间的交互作用。在水电站系统-生态环境子系统耦合演化过程中，水电站的调节补偿作用会改变流域年径流量、流速流态特征、年输沙量等水资源状况进而引起水生生态系统变化，而泄水过程会导致水环境异质、河流形态演变，从而破坏水生生态系统和产生局地气候变化。在水电站-社会经济子系统耦合演化过程中，包含人口、经济、政策等诸多社会组分和人类活动需求等复杂因素，社会经济子系统支配着水电站子系统和生态环境子系统，水电站子系统的建造与运行受到经济、科技和制度的驱动，同时又影响社会经济的发展，但耦合系统的形成和演化按照人类社会的需求发展。生态环境子系统和社会经济子系统相互耦合组成了社会经济-生态环境耦合子系统，生态环境子系统是整个系统发展和演化的基础，是社会经济发展的客观条件。社会经济子系统通过修建水电站利用生态环境子系统提供的水能资源，并且调整两者的内在关系；此外，社会经济子系统将水资源转化为能源的同时，也会产生一系列环境破坏问题，影响了社会经济-生态环境耦合子系统的健康和协调发展。

社会经济与水电站系统、生态环境之间存在多个作用途径和关系。在整个系统中，生态环境是系统发展和演化的基础，是社会经济发展的客观条件，对水电站系统合理运行发挥重要的反馈调节作用，水电站系统是主体角色，反映了人工

干预行为对环境社会的正面效益和负面影响，作为纽带和桥梁将社会经济与生态环境紧密联系在了一起。

2) 构建水电站运行环境影响多属性评价决策的指标体系

基于水电站系统-社会经济-生态环境系统的框架和流域可持续发展理论，本书试图通过系统由整体到局部的动态因果关系以及各子系统间互馈耦合的机制构建完整、科学、系统的水电站运行影响社会、环境可持续发展的决策指标体系。一是通过从整体到局部的方法构建整体与各组成元素相互影响的因果关系。强调宏观(系统)与微观(各元素)相互影响和相互作用的动态关系，确定目标层和控制层的组成结构及决策准则，构建指标体系的理论框架。二是根据各子系统间的互馈耦合关系，建立各指标之间相互依存、相互支配和层次内部不独立的网络结构，更合理地反映出系统内部指标元素错综复杂的因果关系。

3) 水电站系统-社会经济-生态环境系统动力学模拟

动态模拟是对系统行为动态演变过程进行实时观测最直接的方法，也是获得决策指标定量分析数据的有效手段之一，而系统动力学能够有效揭示复杂系统在各种因果关系下呈现的动态变化规律，用于研究系统内部各个要素在结构、功能和行为之间发展的动态关系。基于系统动力学 Vensim 软件，分别构建社会子系统、生态环境子系统和水电站子系统的动态演化模型，最终获得整个水电站系统-社会经济-生态环境系统的耦合发展模型。

4) 基于可持续发展水电站运行的直觉模糊多属性决策

针对现有模糊集合以及偏好关系在决策问题中所存在的一些应用局限性，提出了一系列能够综合全面反映决策者在不同决策环境下的犹豫性和不确定性的模糊集与偏好关系，增强了偏好关系在不同决策环境中的应用灵活性；同时，在一定程度上推进了模糊理论在决策领域的应用与发展。直觉模糊网络分析法考虑了决策属性间的依赖性和反馈性。直觉模糊网络分析法相比于层次分析法同时考虑了独立线性层次结构和非独立线性网络结构，使决策属性间的依赖性和反馈性被考虑，更加贴近现实决策，弥补了层次分析法的劣势。本书所提出的直觉模糊网络分析法考虑了决策者表达偏好信息的模糊性和慎重性。相比于网络分析法，直觉模糊网络分析法更加细腻地描述了决策者在评价属性重要程度过程中的模糊性，在描述属性偏好时更符合人们的认知。同时，直觉模糊网络分析法使用得分函数来描述人们的偏好，避免了专家使用精确数字表达偏好，具有一定的客观性。

1.4　研究方法和技术路线

本书在传统研究方法的基础上，注重理论及方法的学科交叉，综合系统论、决策学、模糊数学理论并结合管理学科、系统动力学等理论分析与数值模拟相结合的方法，对泄洪消能环境影响评价进行深入研究，拟定的技术路线如图 1.3 所示。具体包括以下内容。

1) 文献研究与理论推演相结合

通过对国内外近几十年关于水资源系统论、模糊多属性决策、水电站运行优化调度、可持续发展系统模拟仿真等相关文献的检索、梳理和概括，为本书的研究提供充足的理论基础保障，理论推演主要是根据理论指导，对水电站系统-社会经济-生态环境系统的因果关系、反馈回路、耦合机制等进行分析与演化，建立基于网络分析法的水电站运行决策指标体系，提出基于属性多目标优化的水电站运行直觉模糊决策方法。

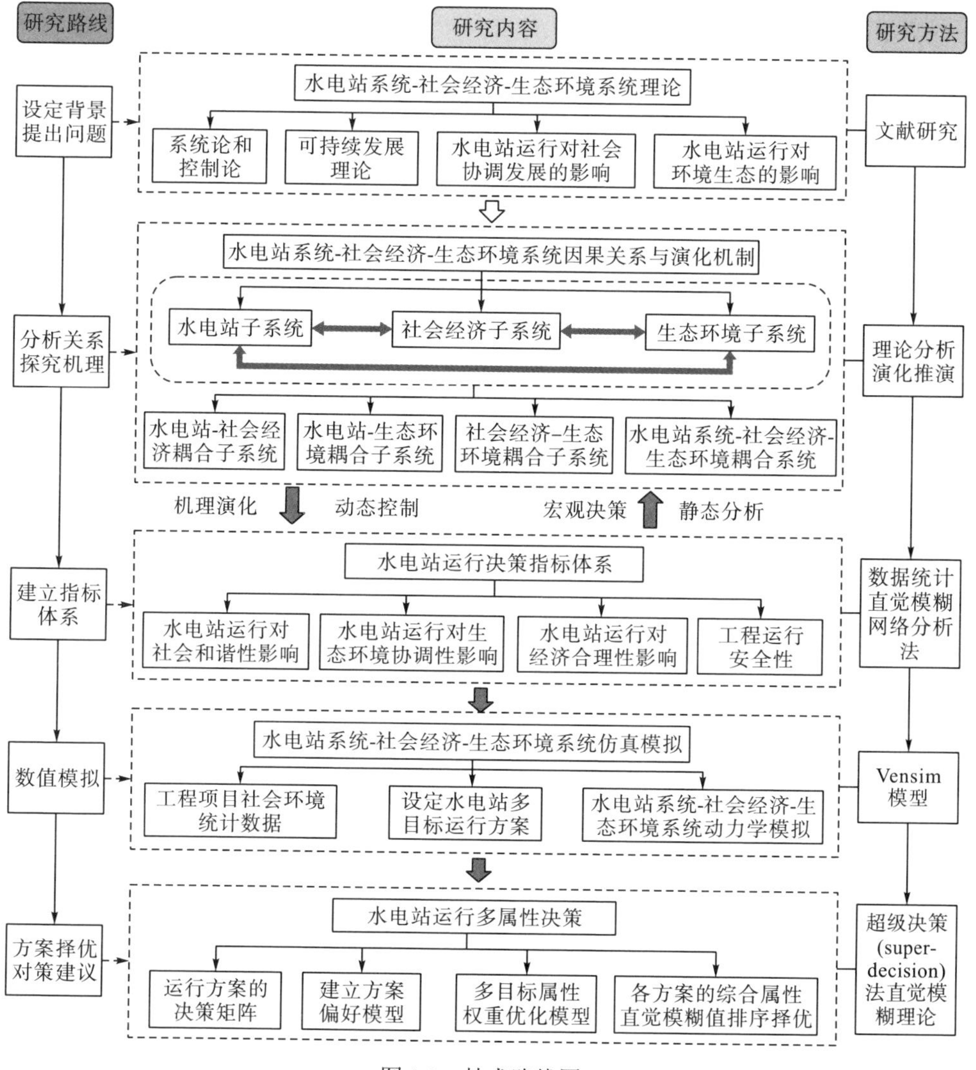

图 1.3 技术路线图

2) 整体研究与重点分析相结合

首先对雅砻江、金沙江下游具有代表性的水电站运行对流域可持续发展的影响展开整体、系统化的研究，阐明水电站系统与社会经济、生态环境之间的相互影响、相互制约关系，充分了解水电站实际的运行情况；继而在可持续发展背景下，深入探究水电站系统对流域社会经济、生态环境的综合影响。

3) 定性分析与定量研究相结合

运用分析与综合、抽象与概括等定性分析方法，由表及里、由此及彼，准确把握水电站运行对社会环境的影响规律和因果关系；同时，采用多种定量研究方法，如网络分析法、专家打分法、直觉模糊网络分析法等方法对水电站运行对社会经济和生态环境的影响程度进行量化。

4) 系统模拟与计算试验相结合

在构建水电站系统-社会经济-生态环境系统动力学模型后，通过情景设计，在Vensim 软件中进行计算试验，针对不同子系统不同协调耦合环节在政策方针、规划方案的情境下对系统运行的影响进行模拟，从而客观了解水电站不同运行方案对整个系统的影响，进一步研究促进水电站系统-社会经济-生态环境系统协调发展的对策建议。

第2章　泄洪消能环境影响评价理论

泄洪消能的生态环境问题具有系统性、复杂性和不确定性，涉及广泛的多学科科学内容，泄洪消能对生态环境的影响主要涉及局地气候变化、水生生态环境变化、河道形态演变以及工程运行安全评价等多方面。从泄洪消能设施的优化与发展的实践经验来看，单独解决某个方面的问题不能促进水利工程项目持续健康发展，因此泄洪消能环境演变过程是一个复杂的系统，具有一定的综合性和不确定性。本章基于系统理论和可持续发展理论，阐述泄洪消能环境变化过程的系统结构、系统机制、系统特点，分析以可持续发展为基础的水利工程泄洪消能设施发展的系统目标；结合工程运行安全理论，分析泄洪消能过程中的环境影响与特点，从而形成本书研究的理论框架。

2.1　系统论和控制论

系统论由美国科学家维纳首次提出。系统论是指根据一定关系相互联系、相互作用和相互制约的一组事物所构成的系统，系统各组成部分之间的相互作用通过物质、能量和信息的变换实现，并同外界环境有开放的相互影响。系统论已在经济学、生物学、管理学等方面得到广泛应用。系统论有以下几个特点。

(1) 整体性。Von Bertalanffy 和 Suther land[58]提到系统指的是“整体”或者“统一体”。系统是由若干要素组成的一个有机整体，而这个有机整体不只是各个子系统或各个组分的简单叠加，而是表现为各个元素组成整体的新的特征和新的功能。钱学森强调系统的整体性，认为系统中各个组成部分不是孤立或偶然存在的，各个元素是相互作用、相互影响的，并通过系统的广泛联系影响其他组成部分的状态，各组成部分的相互关联，构成了一个不可分割的整体。

(2) 结构层次性。系统由很多关键要素组成，每个要素都互相独立且存在差异，当各个要素组合在一起时，整个系统在结构、功能上表现为不同的层次结构和等级。层次是系统的一种基本特征。生态环境系统由流域、水生动植物、陆生动植物等组成。社会系统由个体、群体、社区、省市、国家等逐层组成。系统由次一级子系统组成，子系统又由诸多影响因素构成。系统不同的层次，往往发挥不同的系统功能，同时又反过来影响上一级层次。

(3) 对外开放性。系统的对外开放性是系统与外界环境不断地进行物质、能量、信息交换，完全封闭的系统是不存在的。系统向环境开放，使得内因和外因联系起来，才有了内因和外因之间的辩证关系。内因是变化的根据，外因是变化的条件，外因通过内因而起作用。为使外因通过内因而起作用，就需要系统与环境之间、内因与外因之间相互联系和相互作用。

(4) 有机关联性。系统的有机关联性是整体性的保证，只有系统内部诸因素之间以及系统与外部环境之间存在有机联系，系统才会发挥整体功能。系统内诸多元素之间的互相联系、互相作用称为“有机关联性”，是系统论研究的主要内容和重要性质。

(5) 动态演变性。动态是指事物的运动状态，运动是绝对的，静止是相对的，动态是系统保持静态的前提，如新陈代谢是生命体保持平衡的基础。系统随时间变化而发展变化，系统的运动、发展与变化是动态性的具体反映。

(6) 目的性。系统的有序性遵循一定的方向，这种演进方向由预决性或目的性支配。贝塔朗菲认为：预决性决定未来，系统的预决性决定系统的发展方向，系统的发展在受实际条件决定的同时，更受到未来所能达到状态的制约。系统的目的性一方面表现为系统趋于稳定状态，另一方面表现为系统发展的规律性。除此之外，系统还有突变性、稳定性、自组织原理、相似性等特征。

水电站运行对流域生态环境的影响也是一个整体的、动态变化的系统(图 2.1)，系统处于不断的演化之中，优化在动态演变之中得到实现，从而展现系统的发展进化。系统优化是系统发展演化的目标和现实追求，从优化设计到优化计划、优化管理、优化控制，最终是为了实现优化发展。系统的优化演变将通过信息反馈影响系统的内在稳定性，信息反馈通过信息反馈机制调控，使得系统

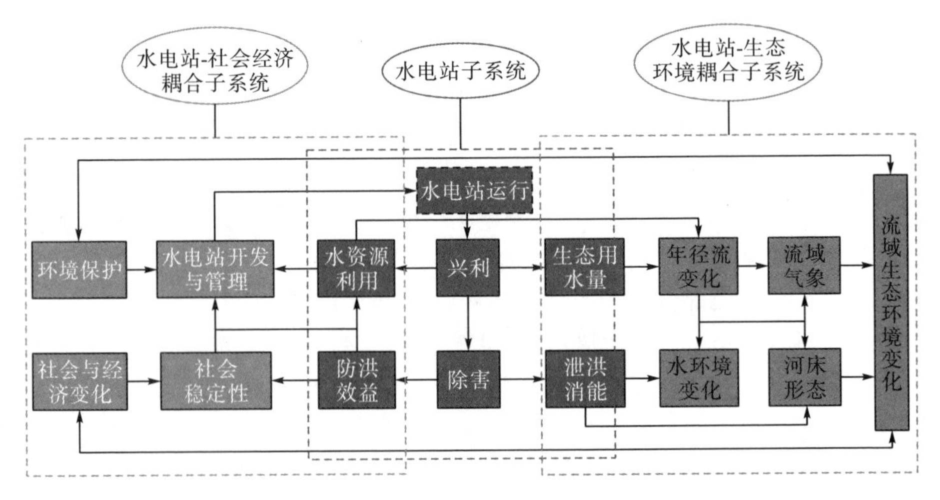

图 2.1 水电站系统-社会经济-生态环境系统

不断地进行反馈修正，并不断加强系统的稳定性。将流域的自然环境、社会稳定状况以及工程运行安全作为一个整体开放系统进行研究，并分析系统内部各个组成部分：社会稳定组分——生活满意子系统，水电站运行组分——水电站运行、水电站安全稳定子系统，生态环境组分——水环境子系统等，同时研究外部环境对整体系统的影响，以及各个子系统对整体系统的影响，而不是单一现象对社会经济发展的影响。在系统内部的要素之间和系统与外部环境之间，都存在个体的差异性，使得系统在整体运行中，需要互相协调，同时元素与元素之间、系统与系统之间通过不断竞争、不断修正，从而实现系统的协同发展。元素与元素之间、系统与系统之间，存在的个体差异性，通过竞争与协同相互影响，相互制约，相互转化，推动系统的协同演化发展。

控制论[59]是研究动物(包括人类)和机器内部控制与通信一般规律的学科，着重研究过程中的数学关系。控制论是综合研究各类系统的控制、信息交换、反馈调节的科学。在控制论中，控制是指为了完善一些对象，需要获得并使用信息，以这种信息为基础而选出的于该对象上的作用。显然，信息是控制的基础，信息的传递产生了控制，进而控制又以信息反馈的形式实现。信息反馈系统是指该系统是一个封闭的环形系统，即系统的输出会对系统的输入产生影响。它主要研究如何通过改变信息输入，使系统中的各部分相互作用，以及延迟使系统怎么运行等问题。它可以通过现有的关于系统过去的信息来控制系统或者预测系统未来的发展方向。反馈控制系统可以分为正反馈系统和负反馈系统。正反馈系统的输出是持续增长的，而负反馈系统能够在运行中自我调节和控制。在泄洪消能的过程中，产生的一系列环境影响都是相互影响、相互制约的关系，各不同组成组分作为一个反馈系统，即工程运行子系统以泄洪流量为系统输出，以洪水流量为系统输入，对下游水深、上下游水位差等水力学因素产生一定的影响。在发电流量和泄洪建筑物一定的情况下，对生态环境子系统中的坝后 TDG 浓度、雾化范围、振动和冲刷破坏等产生不同影响。同时，泄洪建筑的选择带来的生态环境子系统中各部分相互作用，以及延迟等系统运行问题，推广到整个水电站系统-社会经济-生态环境系统反馈问题上，则可以看作水电站子系统受到自身输出——泄洪建筑物、泄洪流量、水深的影响，这本应该是正反馈系统的持续性增长输出，但是由于受到系统中其他组分的影响，水电站子系统受到自身发展的限制，从而出现负反馈系统的自我调节和控制。

2.2　可持续发展理论

可持续发展是人们对社会发展进程进行反省后提出的一种全新的发展思想和发展战略。可持续发展的定义可以概括为三个方面：第一是需要，以满足人类的需要为主要发展目标；第二是限制，指人类的任何行为都会受到自然界的约束；第三是公平，强调不同主体间的公平，如人与人之间、当代与后代之间、不同种族不同地区之间、人类与其他物种之间等。从上述内涵来看，可持续发展理论是处理发展与生态环境关系的科学理论，强调经济、社会、资源、生态环境协调发展。可持续发展鼓励经济增长，但要以保护自然生态为基础，它突出了环境保护在经济发展中的重要作用，把环境、经济、社会统一为不可分割的整体。人类社会的可持续性包括生态可持续性、经济可持续性与社会可持续性。水资源是生态经济系统不可缺少的部分，服从生态与经济规律的支配，建设水利工程则充分利用水资源，让水资源合理利用，为生态环境与社会经济的发展服务。水资源的利用与生态环境、社会经济一同构成了复杂生态经济系统。从系统的角度来看，拥有能够基本保持稳定的系统结构和功能，以及输入、输出的物质流、信息流也处于相对稳定的状态，是生态经济系统保持稳定的必要条件。当资源、信息的输入、输出出现失衡状态时，如果其差值超过一定的阈值，就会引起生态经济系统结构功能紊乱，从而影响整个系统的健康发展。水利水电工程开发活动和运行过程改变了水资源的原始形态，也打破了原有系统的生态平衡，对流域生态环境造成各种各样的影响，这些影响有有利的一面，也有有害的一面。对水资源进行合理开发，在促进社会经济发展的同时也不会使流域生态环境恶化和生态功能退化；但若开发不当，就会影响水资源的可持续发展能力。因此，在当前梯级开发规模发展的趋势面前，要坚持“以人为本”的核心，努力使经济发展与资源、生态环境状况相适应。

在可持续发展战略的要求下，必须转变现有的水资源开发利用模式，使水资源可持续开发利用模式成为一种新选择。它与传统的水资源利用模式有本质的区别。传统的水资源开发模式以经济效益为中心，环境效益及社会效益均从属于经济效益，甚至以牺牲环境、社会效益为代价换取经济效益。这种只顾眼前不顾未来的发展模式严重损害了资源的可持续发展能力。水资源可持续开发模式以水资源可持续性、生态系统完整性为核心，在大力发展经济、满足人类用水需求的同时，使经济发展与人口、资源、生态环境相协调。保持水资源的可持续利用是一个长期的、不间断的连续过程，要立足于生态经济系统的时序动态变化，强调系统的发展能力，使该发展保持持续、高效、和谐。

将这一核心思想与水电站开发环境影响理论结合起来，在建立泄洪消能环境影响指标体系时要立足非自然行为与生态环境的动态作用特征，所建立的指标体系能够反映系统的时序变化结果，从而体现水资源可持续利用的核心思想。只有实现了水资源开发与人口经济社会的协调，才能实现水资源的有效利用，才能保证人类经济社会的可持续发展。

2.3　泄洪消能环境水力学理论

在水利水电工程建设上，泄洪建筑物是保障工程运行安全和发挥工程综合效益的重要因素，因此泄洪消能一直是非常关键的问题。在水利水电工程实践中，常常采用各种工程技术手段，将下泄的高速水流中包含的巨大能量在较短距离范围予以消减，使水流所具有的巨大机械能转化为热能及其他形式的能量，同时在泄洪建筑物下游可能产生冲刷破坏的地方适当加以防护，保护建筑物的安全，防止下游河槽的不利冲刷。泄洪消能的基本过程就是下泄水流不断混掺、剪切和摩擦、进行能量转化的复杂过程，其中的泄洪消能原理涉及复杂的高速水力学理论。根据下泄水流与尾水、河床之间的相对位置关系，将泄洪消能方式划分为底流消能、面流消能、挑流消能三种。

泄洪消能过程对下游生态环境产生的不利影响主要有 TDG 过饱和、泄洪雾化、振动及冲刷。

2.3.1　TDG 过饱和

TDG 过饱和的研究主要包括三方面。

(1) 进行试验和数值模拟，研究大坝附近的 TDG 生成和衰减的规律与机理。大坝附近 TDG 生成的研究主要包括气体溶解机理和水力条件的影响。DeMoyer 等[60]通过试验讨论了气泡和水面在传质过程中的重要性。Lu 等[61]利用高压装置研究了气泡滞留时间与 TDG 过饱和程度之间的关系。在宏观研究方面，Li 等[62]利用原型装置对雅砻江、岷江、澜沧江、长江 4 个水电站的 TDG 水位进行观测，分析了影响 TDG 产生的因素，并建立了基于一阶传质动力学的对应关系。Qu 等[63]发现，由于梯级电站的联合运行，下游水库前池的 TDG 水位通常高于其他地方的水位。Urban 等[64]提出，尾水和泄洪流量并非简单混合，尾水流量对 TDG 释放有一定影响。Lu[65]证明了压力(水深)和气体滞留时间对 TDG 过饱和程度的影响；此外，还发现天然河流中 TDG 的释放速率受湍流强度的影响。

(2) 采用数值模拟和原型观测的方法，预测分析天然河流中 TDG 浓度和 TDG 释放的过程。天然河流中 TDG 的释放主要受水深、水温、风速、湍流、含沙量和河流形态等因素的影响[66]。Kamal 等[67]比较了哥伦比亚河和库特内河的 TDG 释放过程。结果表明，水深与河流流速之比越大，TDG 释放越慢。Shen 等[68]研究了水温对 TDG 释放的影响，并提出温度修正系数。Huang 等[69]研究了风速对 TDG 释放的影响，建立了 TDG 释放与风速的定量关系。Shen 等[70]建立了一个三维 TDG 过饱和运移和耗散模型，以研究支流水流对干流水中 TDG 释放的影响。结果表明，支流汇合(TDG=100%)显著降低了干流的 TDG 过饱和程度。张丹[71]证明了压力(水深)和气体滞留时间对 TDG 过饱和程度的影响；此外，还发现天然河流中 TDG 的释放速率受湍流强度的影响。

(3)鱼类对过饱和水体的耐受性评价及 TDG 过饱和对鱼类的影响。TDG 过饱和对鱼类有害影响的评价多集中在气泡病及其症状[69]与气泡病相关的致病因素[72]以及鱼类对 TDG 的耐受性[73]。

2.3.2 泄洪雾化

目前，主要采用原型观测、物理模型试验、数学模型等方法对泄洪雾化的机理、影响预测等内容展开研究。通过原型观测，能够对水电站雾化产生的原因、影响范围、雾化降雨分布等进行研究。刘进军等[74]根据白山水电站的四次原型观测数据，对泄洪雾化的原因进行了探讨。原型观测能够直观地反映泄洪过程中雾化降雨及风速的大小，王继刚等[75]对大岗山水电站泄洪雾化进行了原位观测，当泄流量为 1344m^3/s 时，坝区观测到的最大风速为 25.26m/s，最大降雨强度大于391mm/h，通过其观测，发现降雨强度沿下游方向急剧减小，下游雾化降雨的分布受边坡地形的影响较大。原型观测能够为研究泄洪雾化提供第一手资料，其观测结果能够直观地反映泄洪过程中各物理量的变化情况，但存在观测环境较为恶劣、在时间和空间上受限、不能多次重复进行、耗费大量人力物力等缺点。

相较于原型观测，模型试验能够重复展开，也可进行定量试验，其提供的物理参数比较直观，也更加全面，开展模型试验从时间、人力、物力投入方面来看，也比较经济。利用模型试验对原型泄洪过程中的雾化影响区域、雾化降雨强度及雾化风速进行预测，进而研究相应的防护措施。陈惠玲[76]通过 1∶60 的比尺模型，对小湾水电站的泄洪雾化过程进行了研究，通过改进测试手段，利用雨雾滴谱推算雨雾区可见度以及雨量。刘进军等[74]在对白山水电站进行原型观测的基础上，通过 1∶35 和 1∶100 比尺的模型试验分析了扩散角、水垫厚度以及下泄流量对泄洪雾化的影响，并提出了减轻泄洪雾化危害程度的措施。李旭东等[77]采用大比尺物理模型预报了溪洛渡水电站泄洪水舌与雾化降雨强度的分布，并结合类似工程的原型观测资料，对溪洛渡水电站的雾化问题进行了综合评判。吴时强等[78]利用塘湾水电站的原型观测结果，对现有的雾化经验模型中的相似比尺进行了研究，并将该结果应用到向家坝水电站上，对向家坝水电站的雾化区域及影响范围进行了分析。

理论分析方法主要是指利用原型观测数据，结合相应的数学方法，如模糊预测、神经网络、随机喷溅、量纲分析等分析方法建立泄洪雾化数学预测模型，进而对泄洪雾化的范围、降雨强度以及风速等进行预测。练继建和刘昉[79]运用随机喷溅模型研究了环境风和地形条件对泄洪雾化的影响，并将考虑环境风与地形因素的影响之后的模型计算结果与观测资料进行了对比分析。洪振国等[80]结合模型试验及反馈分析研究了模型比尺的影响，并分析了雷诺数及韦伯数对泄洪雾化的影响，预测了锦屏水电站泄洪雾化的影响范围以及需要采取的防护措施。柳海涛等[81]提出了能够考虑河谷地形影响的随机喷溅数学模型，对两河口水电站泄洪雾化降雨进行了预测，分析了泄洪条件与河谷地形对雾化降雨分布的影响。此外，也有学者采用粒子方法、模糊综合评判方法、光滑粒子流体动力学(smoothed particle hydrodynamics，SPH)方法对泄洪雾化展开研究。刘东海等[82]认为水流是由众多类似水滴的粒子组成的，采用粒子系统模拟泄洪雾化过程中水舌运动、水舌变厚变宽及水舌跌水碰溅现象，进而对每个粒子的空间位置、运动速度、大小、形状等物理量进行了模拟。张宇鹏等[83]利用江垭大坝的原型观测资料，对模糊综合评判方法进行了验证，认为在原型观测资料充足的情况下，模糊评判方法预报较为准确。何贵成[84]基于天气预报模式(weather research and forecast，WRF)模式提出 SPH 水滴碰并模型，对二滩水电站的泄洪雾化进行了预测。

2.3.3　振动

水利枢纽工程作为一个受到水流荷载激励的多结构动力耦合体系，其振动分析既要考虑不同结构之间的耦合振动响应机制，又要考虑水流荷载特性和流固耦合效应。因此，其振动原因及机理极为复杂，可能涉及结构动力学、弹塑性力学、流体力学、流固耦合理论、有限元等数值方法、随机过程理论和傅里叶滤波等信号处理方法以及水力学、动力学试验理论和方法等多门学科。而且，随着一大批高坝或超高坝的建成或开工，我国水利枢纽最大下泄流速超过 50m/s，单宽泄流量和消能功率分别超过了 $200\text{m}^3/(\text{s}\cdot\text{m})$ 和 300MW/m，水体消能率为 10～30kW/m^3，均高于国外最高水平，使泄流结构振动问题更加突出。高坝泄流诱发振动的表现形式也由最初的结构严重振动导致的安全问题扩大为振动传播至周边场地导致的局部区域场地振动的环境问题。因此，高坝泄流诱发的各种类型振动的危害亟须深入研究，并运用科学的方法进行预防和治理。

水工结构的流激振动大致可以分为两类：一类为水流作用在体型较大或约束较强的结构上，如溢流坝面、坝身孔口和水垫塘底板等，此时结构的振动形式相对比较简单，水流作用一般可以直接等效为荷载，结构的振动可以直接由动力学方程求得，流固耦合作用不甚显著；另一类为水流作用在体型较小且约束相对较弱的结构上，如导墙、闸门、闸墩和隔墙等，此时结构的振动形式较为复杂，流固耦合振动机制可能对结构振动产生较大影响，结构可能通过振动从水流中吸取能量，产生驰振、自激振动等现象，对结构稳定极为不利。

在泄洪水流诱发结构振动机理研究领域，Blevins 和 Plunkett[85]通过分析流速较缓情况下水流流动特性以及工程结构的性质特点，将流激振动分为稳定流动和非稳定流动，而对于高速水流下的流激振动机理问题没有过多的研究；Naudascher[86]将水流诱发的结构振动分成四类：外部激励诱发振动、运动诱发振动、不稳定诱发振动、共振流体振子诱发振动。其中，外部激励诱发振动是最主要的原因；Weaver 和 Woosley[87]根据结构在水流作用下振动特性，将流激振动分为强迫振动、自控振动和自激振动三类；而谢省宗[88]将水流诱发结构振动分为四类，分别是紊流诱发振动、自激振动、旋涡振动和水力共振。在实际工程中，绝大多数的泄流振动是由随机性的激励力引起的，且这些激励力是一个各态历经的平稳随机过程。作用于结构上的激励力在一些特殊情况下会受到结构运动、整体水流流动及结构系统的影响，Gao[89]研究了闸门的一种自激振动情况，该情况是由于重附着在闸门底缘的不稳定流导致底缘出现了周期性变化的流体力。

水工结构的流激振动大致可以分为两类：一类为水流作用在体型较大或约束较强的结构上，如溢流坝面、坝身孔口和水垫塘底板等，此时结构的振动形式相对比较简单，水流作用一般可以直接等效为荷载，结构的振动可以直接由动力学方程求得，流固耦合作用不甚显著；另一类为水流作用在体型较小且约束相对较弱的结构上，如导墙、闸门、闸墩和隔墙等，此时结构的振动形式较为复杂，流固耦合振动机制可能对结构振动产生较大影响，结构可能通过振动从水流中吸取能量，产生驰振、自激振动等现象，对结构稳定极为不利。水工闸门的流激振动是流固耦合方面的经典问题之一，引起许多专家学者的研究兴趣，但其振动机理仍然未有令人信服的结论。流激振动不仅可能造成闸门的严重破坏，在不利情况下也可能严重威胁导(隔)墙的结构安全。吴杰芳等[90]、杨敏[91]、练继建等[92]、张林让等[93]、王兆荣等[94]分别对闸门流激振动问题进行了研究，使工程界对于闸门流激振动时频域的动力特性和表现形式有了更全面深刻的认识。

泄洪诱发低频声波会在一定范围产生环境危害，低频声波的产生与泄流流态密切相关，改变泄流流态可以减轻低频声波的危害。考虑到前人的研究工程对象，水头相对较低、流量较小、流态相对简单，且所取得的研究成果以相对连续规则水帘(水舌)诱发低频声波为主，难以满足我国高水头、大流量、复杂流态(多股水舌碰撞或无碰撞入水、多股淹没射流、面流、底流、混合流等)和地形条件下，泄洪诱发低频声波影响范围预测和危害控制的需要。

2.3.4 冲刷

基岩的冲刷问题是一个非常复杂的水力学问题，冲刷机理具有一定的模糊性，目前多采用物理试验、数值模拟等方法研究分析冲刷问题。现对国内外有关基岩冲刷机理、抗冲流速、局部冲刷深度的估算以及室内模拟方法等方面的主要成果归纳如下[95-97]。

从提高消能率的角度研究基岩冲刷深度及范围的经验公式，主要有两种理论，一种认为射流在水垫内消能机理的性质属于水跃消能，将水跃消能理论引申到冲坑水垫消能中来，将冲刷坑最大水垫深度作为跃后水深，通过此理论获得冲刷深度估算公式；另一种则利用单位体积消能率的概念，计算挑流过程不同阶段的能量损失，下游水垫的单位体积消能率计算满足消能要求的水垫体积，根据水垫的几何形状得出最大水垫深度估算式。国内陈椿庭*和陈菊清**等给出了有代表性的成果，尤其是陈椿庭在推导过程中引入了单位体积消能率的概念。根据这一观点导出的一般通式为 $t_s=kq^mH^n$。式中，t_s 为冲坑最大水深(m)；H 为上下游水位差(m)；q 为下泄水流的单宽流量(m^2/s)，多用射流入水处的单宽流量表示；m、n 为指数，m=1/2、n=1/4；k 为综合冲刷系数，一般由实测资料反算确定。从淹没射流扩散理论出发研究基岩冲刷，挑流落入下游水垫后，主流不断扩散，流速不断降低，射流对基岩的冲刷能力与射流在水垫中的扩散特征密切相关。因此，从射流扩散理论出发，通过理论分析和试验研究获得主流在水垫中的扩散规律，以此可建立冲刷深度的估算公式。从脉动压力观点出发研究基岩冲刷。以纯经验的方法研究基岩冲刷。这种方法主要通过整理室内和原型观测资料来建立估算冲坑水深的经验公式。这类公式的绝大部分形式为$t_s=k\dfrac{q^xH^y}{d^z}$。式中，x、y、z 为指数；d 为基岩解体后岩块的代表粒径，无特别说明均指岩块的平均粒径(m)；k 为综合冲刷系数。其他研究方法主要有：①Spurr 的能量法(工程类比法)，该方法是在定性分析挑射水流对基岩河床冲刷的物理特征基础上，通过参证坝址(已建工程)和待建研究坝址的平均水股剩余能量与冲刷深度的关系，提出用能量冲刷指数(energy scour index，ESI)来综合估算基岩的平衡冲刷深度。②小波理论方法。③模糊数学方法，挑流冲刷过程肯定要发生而本身又有相当模糊的现象，正是模糊数学所要研究的不确定现象，因此建立一个预估挑流冲刷最大深度的模糊数学模型是可行的。具体而言，是利用大量的实测资料作为模糊样本(如毛野采用了 500 多组原型观测数据)，通过对物理现象的深入了解建立冲坑深度和各主要因素之间的隶属关系(隶属度)，再由模糊合成和综合评判(最大隶属度原则)来预报冲深幅度范围。④风险分析方法；等等。

2.4　本书研究的理论框架

流域区域的社会进步和经济发展离不开水资源的开发与利用，但是水利工程项目跨越的范围一般较广，并且对流域内水生生态环境和陆生生态环境的影响也

* 陈椿庭. 关于高坝挑流消能和局部冲刷深度的一个估算方法[J]. 水利学报, 1963(02): 15-26.
** 陈菊清. 下游初始水垫深度对挑流冲深影响的分析[J]. 武汉大学学报: 工学版, 1985, 000(003): 81-91.

比较大，而影响项目的主要因素有很多，因此水利工程建设和实施后产生的影响远远超出其他建设项目，而具有广泛的生态环境影响，水电站泄洪消能系统是开放的复杂系统，涉及社会、经济、能源、环境等领域。本书基于系统控制理论的思路(图 2.2)来指导泄洪消能过程对环境影响的综合评价方法研究，以控制论为基础开展研究，分析泄洪消能过程的系统结构、系统机制和系统目标，分析泄洪对环境造成不利影响的机理，研究具有普适性的环境评价指标和技术方法。为水电站决策部门制定合理调度方案提供定量和定性结合的科学依据。结合泄洪消能发展的现状：第一，梳理泄洪过程中单项环境影响的问题；第二，将水电站运行系统作为一个开放的复杂系统来研究，明确绿色消能设施目标和水电站系统各因素间的相互关系；第三，系统总结视角，形成减缓环境不利影响的逻辑方法和系列具体方法；第四，模型构建模拟水电站运行的调度方案，实现运行方案的决策。

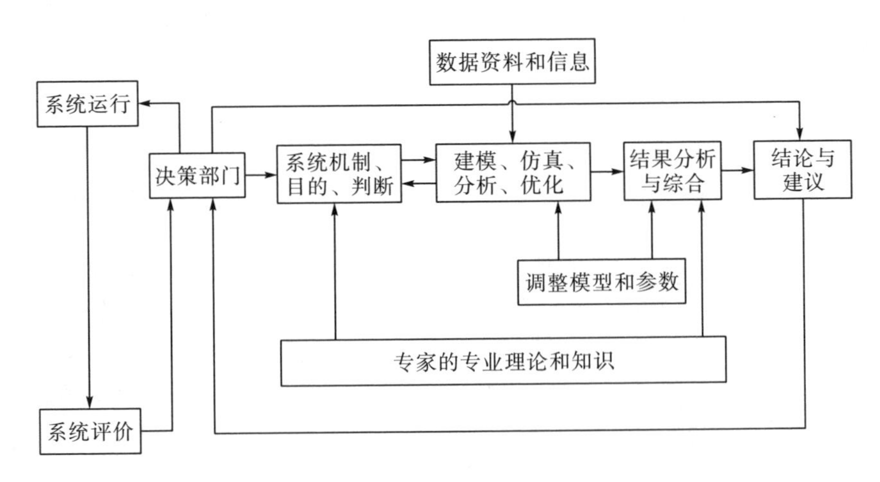

图 2.2 系统控制理论的工作程序

1. 水电站系统-社会经济-生态环境系统的结构

水电站系统由多个子系统、多个元素有机结合在一起形成，它们相互作用相互影响，从而形成水电站系统-社会经济-生态环境系统的结构特征。水电站系统-社会经济-生态环境系统中各个子系统与各个元素都会对整个系统的组织结构带来影响。因此，在确定绿色泄洪结构发展的内涵之后，分析水电站系统的结构就成为必然。

水电站系统-社会经济-生态环境系统在不断发展演变，它由不同的子系统、不同的元素组成，是一个复杂的系统。水电站系统由以下子系统构成：第一，经济子系统，水利工程的发展是社会经济发展的必然趋势，同时水电站的运行又促进社会经济的发展；第二，环境与水资源子系统，水资源是清洁能源，由于水循环的存在具有一定的可再生性，但是再生周期普遍较长，水电站的开发促进了人类对水资源的最大化利用，水电站系统与生态环境子系统相互影响，促进化石能源的替代和环境的保护；第三，社会子系统，国家地方政府通过对区域的水资源合理开发利用的规划，对指导水利工程项目的持续化发展产生正面的影响；第四，水电站运行子系统，大型水电站的运行在满足经济发展需求的同时，还要受到社会需求与局地生态环境的制约以及地方政策与上、下游梯级电站的相互作用和相互影响。水电站运行各子系统之间存在相互作用，水资源开发利用与社会、经济、能源、环境、政策组成复杂的系统，相互影响、相互作用，促进水利工程的持续发展，泄洪消能设施的不断优化，为区域的可持续发展提供发展方向。

水电站系统-社会经济-生态环境系统由社会、经济、生态环境等子系统组成，社会和经济受人类经济活动的影响，社会经济系统属于意识层面的内容；生态环境为人类活动提供必要的资源，同时又约束着人类行为，生态环境子系统是物质层面的内容(图2.3)。

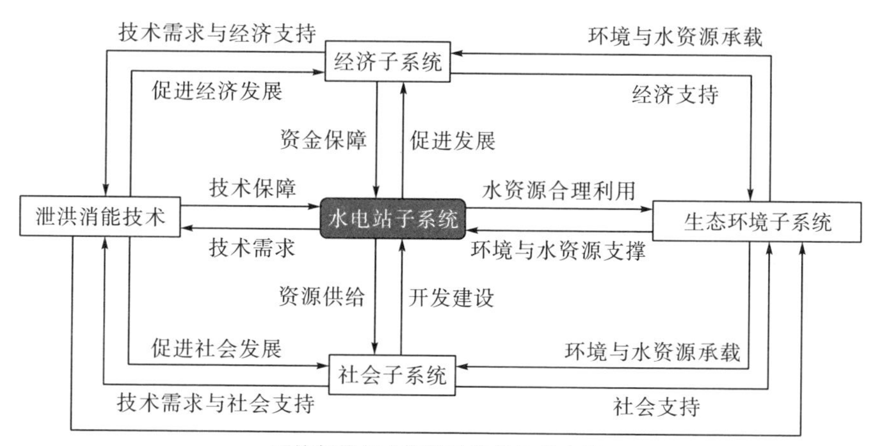

图2.3　水电站系统-社会经济-生态环境系统结构

2. 水电站系统-社会经济-生态环境系统的演变机制

结合可持续视角下的水利工程泄洪消能技术发展的特点，本书运用“压力-响应-影响”模式分析泄洪消能过程中环境影响体系运行机制，如图2.4所示。要明确水利工程中泄洪消能技术发展的内在运行机制，需要明确系统面临的压力。社会发展需求、经济发展需求、水资源利用需求及环境保护需求激发了人类对水电站合理运行需求的增大。西南诸多河流拥有的水电能源是人类生产生活中十分重要的物质基础条件，水电站的运行过程(可以看作人类活动)也是水资源的开发过程，会产生溶解气体过饱和、河道冲刷、低频振动和雾化降雨等一系列特殊的环境影响，不利的环境影响程度又会对水利工程产生不利的社会影响，从以上分析可以看出，水电站系统涉及社会、经济、资源、能源、环境等方面，各个子系统之间相互影响，协调发展。水利工程发展在水资源的合理利用和生态环境保护的前提下，实现持续性满足当代人需求又不影响后代人的发展方式。

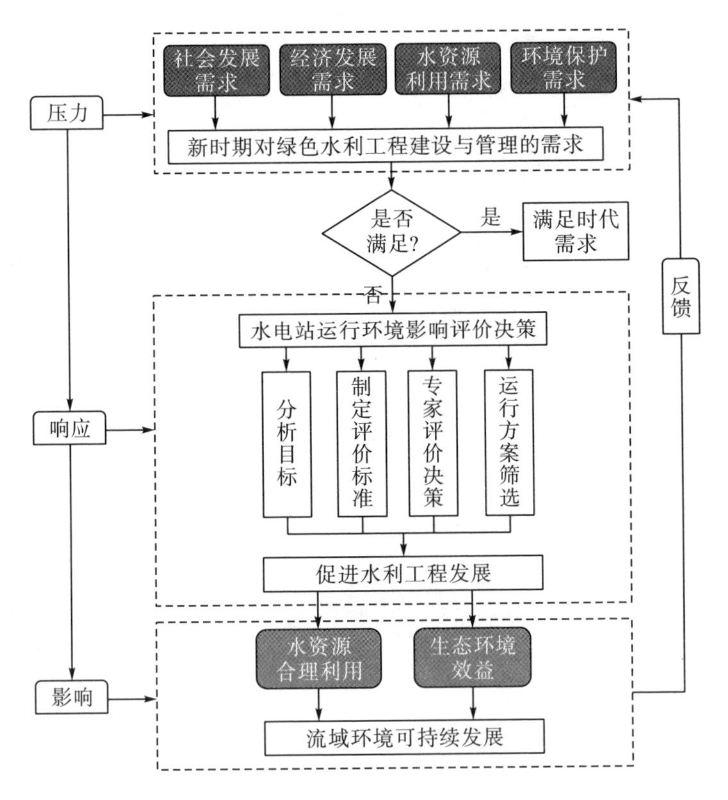

图 2.4 水电站系统-社会经济-生态环境系统发展机制

3. 水电站系统-社会经济-生态环境系统的特点

(1) 整体性。泄洪消能过程涉及居民生活舒适度、环境影响、社会经济等多个系统，为了实现区域可持续发展目标，水电站系统、社会经济与生态环境系统相互联系和相互影响，形成了一个有机的整体系统并有序运行。

(2) 动态性。系统的活动是动态的，系统的一定功能和目的，是通过与环境进行物质、能量、信息交流实现的。在水电站系统-社会经济-生态环境系统中，经济增长、生态环境效益的变化都会随着时间带动相应关联系统的动态变化。可持续发展需要实现经济效益、社会效益、生态环境效益的有机统一。水电站系统是促进流域社会、经济、环境三个方面交集面不断扩大、不断融合平衡发展的正向积极的因素，是动态演变的一种过程(图 2.5)。

(3) 协调性。生态环境与水资源利用是经济发展的必要基础和条件，并与经济系统相结合形成一个有机的整体，它们之间相互依赖、相互制约，是一个复杂的、存在利益冲突的系统，因此需要协调。协调存在于系统之中，系统是相互作用和相互依赖的若干组成部分合成的具有特定功能的有机整体。

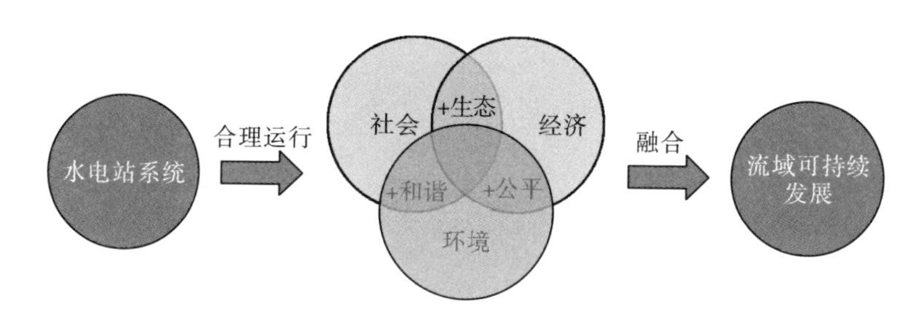

图 2.5　水电站系统可持续发展的演变过程

(4) 开放性。水电站系统-社会经济-生态环境系统是一个开放系统，系统中的各个子系统也是开放系统，向整个核心系统内部子系统及之外的环境开放。水电站发展以实现流域可持续发展为目标，满足减少不利环境影响以及水资源最大化利用的目标。同时，水电站系统的开放性保证了社会经济、生态环境各子系统之间的信息流动。系统的开放性是维持“系统生命”的重要保证，水电站环境影响评价决策以环境效益为主导，保证流域梯级电站安全运行。为实现水资源最大化利用、减少环境污染的可持续发展目标，水电站系统与外部环境维持着系统结构的稳定，同时又不断促进产业发展，实现可持续发展的目标。

4. 水电站系统-社会经济-生态环境系统的目标

从水电站泄洪系统发展的内在运行机制可以看出，水电站的合理运行涉及社会经济、生态环境等多个方面，根据可持续发展目标，泄洪消能过程既要实现社会进步和经济增长，又要使运行过程中流域环境胁迫最小化；水电站系统-社会经济-生态环境系统的系统目标还要指导泄洪消能环境影响的综合评价指标选取以及方法研究，对未建工程进行指导约束。因此，水利工程泄洪消能设施发展的目标主要包括：第一，以减少环境破坏、充分利用水资源为目标的绿色消能设施的发展。水电站的运行能满足社会经济发展的需求，但同时应尽量避免出现溶解气体过饱和、局地气候变化、河床演变、结构振动等不利的环境破坏过程，促进流域的健康持续发展。第二，以泄洪消能技术进步为核心的泄洪设施发展。泄洪消能的技术进步是传统泄洪建筑物优化的内在动力，随着测量设施与检测技术的不断完善、泄洪消能机理的不断研究，新型的泄洪消能技术应用越来越成熟，泄洪建筑物的成本将会随之下降，一大批优秀先进的泄洪消能技术促进了水利工程的发展与建设，进而适应了可持续发展的需求，是适应经济高质量发展、保护水生动植物、防止局地气候变化的主要途径。

对水电站系统-社会经济-生态环境系统机制进行分析。在系统环境方面，需要分析水电站运行对下游环境影响的现状，确定社会经济、生态环境系统对水电站系统发展的影响；在系统结构方面，需要根据系统环境的特定状况，确定水电站运行模式与调度方案；在系统目标方面，需要在水电站运行与居民生活舒适度、生态环境及政策方面的协调机制中，进一步分析泄洪消能机理对流域生态环境可持续发展目标的作用。

第 3 章　泄洪消能环境影响综合评价体系

3.1　评价体系的概念、功能及目的

3.1.1　评价体系的概念

泄洪消能环境影响综合评价是为了水电站系统可持续发展以及对水利工程的利用和保护，以取得最大的社会经济效益为目的，对泄洪过程产生的综合影响程度等相关方面进行评判并根据环境影响的程度合理决策运行工况的过程。通常，泄洪环境影响综合评价体系由评价指标、评价方法、评价内容以及评价程序等方面构成。

3.1.2　评价体系的构建方法

由于泄洪建筑物本身功能作用的复合性，以及特殊水力学现象的复杂性，泄洪消能对环境影响的功能作用也是多方面的。从理论研究方面来看，泄洪消能环境影响综合评价研究对发展高速水力学、环境水力学等基础理论发挥着重要作用。通过对单项环境影响评价指标、评价方法、评价内容以及评价程序的研究，厘清泄洪消能环境评价的内涵与外延、明晰单项环境影响评价的功能特征、划定单项及综合影响因素的评价类型和等级，构建适应我国水利工程特点的泄洪消能环境评价理论体系。

从水利工程实际应用方面来看，泄洪消能环境影响综合评价体系是开展优化泄洪消能设施的研发、指导绿色泄洪消能设施可持续发展的基础；通过泄洪消能环境影响综合评价体系的构建，加快推进泄洪消能单项环境影响发展规范与标准的编制，从而有效地指导在建或未建的泄洪消能设施的规范化、科学化发展，对已建的水利工程运行提供生态环境方面的约束和要求。

从水利工程长远发展方面来看，泄洪消能环境影响综合评价体系是加快提高水利工程综合效益和推进流域生态环境健康发展统筹兼顾的重要抓手，也为相关部门政策制定提供了决策参考；同时，泄洪消能环境影响综合评价体系的构建可进一步推动泄洪消能工的工程建设，从而促进我国水利工程健康和可持续发展。

3.1.3 评价体系的构建目的

构建泄洪消能环境影响综合评价体系在理论和实践方面具有多重目的性。

首先，完善泄洪消能环境影响综合评价体系[98]。泄洪消能环境影响综合评价作为高速水力学理论研究关键和重要的组成部分之一，构建泄洪消能环境影响综合评价体系有助于深化对泄洪消能程度评价相关的关键性理论问题的认知，并促进环境水力学等理论的深入研究。从而对丰富和完善流域泄洪消能评价理论研究体系大有裨益。

其次，推动建立泄洪消能环境影响综合评价体系以及专项评价规范[99]。目前，各种新型泄洪消能工技术在水利枢纽工程建设中呈蓬勃发展的态势，然而，单项环境因素尚缺乏统一认识和标准，缺少行业规范与指导，评价等级和影响程度划分不明确。为此，泄洪消能环境影响综合评价体系的建立，将为我国新型泄洪消能工研发、建设、评估与考核提供规范性参考。

3.1.4 评价体系的构建思路

泄洪消能环境影响综合评价体系构建主要遵循以下思路。

第一，注重继承已有优秀成果。泄洪消能环境影响综合评价作为一个内涵广泛、涉及领域众多的研究问题，充分选取和继承现有相关优秀成果是泄洪消能环境影响综合评价体系建立的基础。这些成果既包括与泄洪消能密切相关的评价研究与机理研究、单项环境影响(特指泄洪产生的 TDG 过饱和、雾化、振动与冲刷等)相关评价研究和水电站运行调度多属性决策研究等国内外学术研究成果，同时也要参照相关领域的国家与行业标准、技术规范，为泄洪消能环境影响综合评价研究奠定坚实的理论基础。

第二，理论和实践相结合。泄洪消能技术的发展在我国处于较成熟阶段，具有明显的实践发展先于理论研究的特点；理论研究尚不成熟，而在实践方面则积累了大量经验和丰富的感性认知。因此，区别于传统的、较为成熟的评价体系构建问题，泄洪消能环境影响综合评价体系的构建更加强调实践对评价体系的启发和引导，同时，经过对泄洪消能环境影响综合评价相关理论认知的不断提升，进一步完善和指导评价实践。

第三，凸显泄洪消能过程特点。评价指标和方法的选取在充分对接已有研究的基础上，立足泄洪消能过程中单项环境影响特点及规律，选取针对泄洪消能本身特点的评价指标和评价方法，而不是大而广之地囊括一般意义上的所有评价指标，或陷入唯方法论和唯模型论；力求泄洪消能环境影响综合评价体系切实体现环境水力学的本质内涵与环境影响的特征属性，使得评价体系具有较强代表性与典型性。

第四，兼顾定性与定量。泄洪消能环境影响综合评价作为一个涉及内容广泛、机理具有不确定性的研究问题，纯粹的定量化几乎不可能，如对泄洪建筑物影响程度的评价，更无法因循一个有形可测量，往往基于专家的专业素养判断出大致的等级，这个判断往往是定性的、描述性的。加之统计口径不一致，具体的指标测量，也难以用现有的统计指标替代；现实中泄洪消能单项环境影响较复杂，尚未形成固定的量化参考值。因此，泄洪消能评价指标往往以质量型指标为主，而在评价方法方面寻求量化评价手段，兼顾定性与定量，使得评价更加科学规范。

第五，静态与动态相统一。泄洪消能对生态环境的影响是一个持续的动态过程，因此构建的指标体系必须能够反映评价区域的现状、发展历史以及演变趋势。它既要考虑过去的开发活动对环境的影响，又要考虑现在的开发活动对环境的影响，还要考虑这些已实施的活动造成的影响现在可能呈潜伏状态，在将来可能爆发的情况，充分体现评价过程(静态)与变化过程(动态)的统一。泄洪消能环境影响综合评价概念模型(图 3.1)体现的构建思路，包括理论基础的选择、概念界定的具体内容、评价等级的确定条件和评价体系的组成结构。

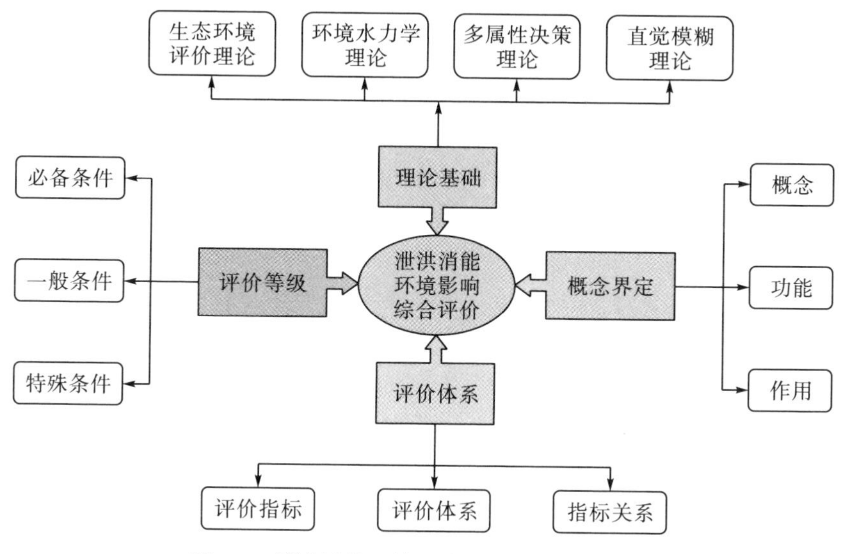

图 3.1　泄洪消能环境影响综合评价概念模型

3.2　泄洪消能环境影响综合评价的指标体系

3.2.1　环境影响因素识别

指标体系建立得是否合理直接影响泄洪消能环境影响综合评价模型的构建及

评价结果，因此在构建评价指标体系之前，首先应识别出尽可能多的影响因素。影响因素识别方法可采用叠图法、核查表法、矩阵法、网络法、系统流程图法、层次分析法、情景分析法。泄洪消能环境影响因素不同于一般环境影响的识别，主要从以下方面进行识别。

(1)环境系统及环境要素识别。识别对象包括受影响的社会稳定系统、生态环境系统、工程运行安全系统及其相应的环境要素等。

(2)影响范围识别。识别对象包括隶属规划区域的受影响区域、规划区域之外的受影响区域等。各环境要素影响范围应根据环境要素特点进行识别。

(3)时间跨度识别。影响因子应分时段进行识别，影响时间跨度的划定应涉及工程的全过程。

(4)影响性质识别。识别内容包括有利影响和不利影响、影响大小、可逆性与不可逆性、累积可能性及程度。

(5)影响程度识别。影响程度识别可从环境受工程影响的强度、范围和时段进行识别。影响程度可分为影响大、影响中度、影响较小、无影响等。

泄洪消能过程机理复杂且充满不确定性，学术界对泄洪消能环境影响综合评价指标的研究处于探索阶段，现有研究多采用主客观相结合的方法对指标进行识别，并找出主要指标。主观方法主要有经验法、专家打分法等，客观方法主要包括主成分分析和聚类分析等方法。但是由于泄洪消能环境影响综合评价指标数量较多，覆盖范围较广，不能够有效识别准则层下各个指标的重要程度，从而不能准确地舍弃次要指标保留有效信息。因此，本节采用原型观测数据以及物理模型试验数据来筛选主要评价指标，原型观测是研究泄洪雾化、TDG 过饱和、振动和冲刷的重要方法，原型观测数据可以直接监测水电站运行时的工程水力学特征与下游环境的影响情况，能够获得影响指标关系的第一手资料，而且原型观测资料还能够用来验证模型试验与数值计算的准确性，具有非常重要的科学价值和实际意义。但是对于有些特殊的环境影响准则，如冲刷和振动，由于原型测量的安全问题和测量手段的限制，无法获得大量的原型观测数据，可以通过物理模型试验的方法来获取评价指标的有效信息，本节整理了国内数十个大型水电站的原型观测以及物理模型试验资料，对指标选取开展进一步的研究。

1. TDG 过饱和评价准则的影响因素

2009 年和 2012 年对大渡河中下游瀑布沟水电站至铜街子水电站河段的泄洪条件下 TDG 过饱和生成和释放过程开展原型观测，如表 3.1 所示。基于原型观测统计数据，分析坝下 TDG 过饱和生成与影响因素的关系。TDG 过饱和的生成与挟气水流的承压条件密切相关，因此选择泄洪水流的单宽流量和上下游水位差来分析对 TDG 过饱和生成的影响。泄洪期间引水发电系统正常运行，对比坝前的 TDG 浓度和尾水出口 TDG 浓度，分析引水发电系统对 TDG 过饱和生成的影响。紫坪铺、龚嘴和铜街子水电站的泄洪建筑物分别采用挑流、面流和底流的消能型式。观测结果表明，尽管紫坪铺泄洪水头远高于龚嘴和铜街子的泄洪水头，在同等单宽流量下，挑流消能型式生成的 TDG 浓度比面流和底流消能型式生成的 TDG 浓度更低。分析认为，挑流型式下，水舌在空中分散碰撞，与大气间质量和能量传递充分，水舌所携带的能量在空中阶段大量消散，因此相同泄洪功率下，采用挑流消能型式的消能效率较高，进入水垫塘内的深度较低，生成的 TDG 浓度较低。因此，从减缓 TDG 过饱和不利影响的角度出发，推荐挑流消能型式[100-102]。

结合原型观测成果和文献资料，从调度、设计、泄洪消能水力学参数等多角度出发，分析可能影响 TDG 过饱和生成的主要因素有泄洪流量、发电流量、坝前水位、下游水位、衰减系数等。

表 3.1　TDG 过饱和生成和释放过程的原型观测统计数据

工程名称	泄洪工况	上下游水位差/m	泄洪流量/(m^3/s)	单宽流量/(m^2/s)	气泡承压/m	滞留时间/s	TDG 浓度/%
紫坪铺	冲砂放空洞	121.3	170	56.7	16.6	6.7	107.1
	冲砂放空洞	121.3	170	56.7	16.6	6.7	115
	冲砂放空洞	121.3	170	56.7	16.6	6.7	111
	1#泄洪洞	121.9	210	38.9	16.6	9.3	111.8
	1#泄洪洞	120.3	210	38.9	16	8.9	111.1
	1#泄洪洞	119.9	192.5	35.6	15.8	9.1	111.8
	1#泄洪洞	119.4	210	38.9	16.2	8.7	131
二滩	3#、4#中孔	178.6	2054.3	171.2	37.6	114.7	123.9
	3#、5#中孔	178.8	2044.3	170.4	37.2	118.1	124.2
	3#、6#中孔	176.5	2026	168.8	37.2	118	122.6
漫湾	2#表孔全开	88.19	1780	136.9	20.7	68.4	116
	3#表孔全开	88.98	1810	139.2	20.7	68.5	110.9
龚嘴	9#溢流表孔	45.2	2079	173.3			135.4
	9#溢流表孔	44.3	2415.2	201.3			132.9
	9#溢流表孔	46	1425.5	118.8			124.6
	9#溢流表孔	45.9	1628.8	135.7			125.7
	9#溢流表孔	45.6	1807.2	150.6			128.1
	9#溢流表孔	45.4	1902	158.5			133.1
铜街子	3#溢洪道	34.1	437.5	31.3			148.3
	3#溢洪道	33.5	762.2	54.4			145.9
	3#溢洪道	32.7	1679.4	120			148.1
	4#溢洪道	36.5	800	57.1			130.9

续表

工程名称	泄洪工况	上下游水位差/m	泄洪流量/(m^3/s)	单宽流量/(m^2/s)	气泡承压/m	滞留时间/s	TDG浓度/%
大岗山	泄洪洞 6m	171.7	1160	82.9	29.1	24.2	116.7
	泄洪洞 7m	170.2	1140	81.4	30.3	25.1	117
	泄洪洞 16m	169.7	2420	172.9	36.3	28.7	120.9
	泄洪洞 9m	171.5	891	63.6	27.5	23.6	124
向家坝	表孔	102	1978.1	102			121.7
	表孔	100.8	2500.8	100.8			117.1
	表孔	100	2791	100			117.1
溪洛渡	3#深孔	206.6	1463.1	292.6	48.9	55.5	125.8
	3#深孔	207.2	1468.8	293.8	49.1	55.2	130.4
	3#深孔+6#深孔	210.9	2563.8	256.4	50.1	67.4	129
	3#深孔+6#深孔	214.1	3018.6	301.9	47.1	86.2	116.1

2. 雾化评价准则的影响因素

泄洪雾化环境影响的评价指标设计要遵循全面性、科学性、可操作性、可量化性等原则。在借鉴原型观测以及现有研究成果的基础上(表 3.2)，根据影响因素，泄洪雾化环境影响的评价指标可分为两部分：工程潜在危害程度指标和工程与区域安全指标，拟定主要的影响指标有：水力学因素，包括泄洪流量、上下游水位差、入水流速、入水角等；地形地貌因素，包括下游河道形态、岸坡坡度等；气象因素，包括风速、风向、温度、湿度等[103-107]。

表 3.2 雾化原型观测统计数据

工程名称	泄洪工况	上游水位/m	下游水位/m	泄洪流量/(m^3/s)	入水流速/(m/s)	入水角/(°)	水舌挑距/m	雨雾边界/m
白山	3 深孔联合	369.7	292.1	1668	35.8	68.4	54	304
	1#高孔	416.5	291.6	830	37.6	41.2	143	400
	18#高孔	412.5	292.1	484	33.7	38.8	114	415
李家峡	右中孔	2145	2049.0	100	31.9	61	86	224
	右中孔	2145	2049.0	300	31.9	61	86	394
	右中孔	2145	2049.0	466	32.6	60.2	95	405
	左底孔	2145.5	2049.0	400	31.5	36.2	83	297
东江	左滑	282	147.1	555	33.9	52	124	300
	右左滑	282	149.9	767	36.6	59	99	240
	右右滑	282	150.3	1043	38.8	63	102	320

续表

工程名称	泄洪工况	上游水位/m	下游水位/m	泄洪流量/(m³/s)	入水流速/(m/s)	入水角/(°)	水舌挑距/m	雨雾边界/m
东风	右中孔	968.9	842.5	999	41.9	39.4	120	480
	中中孔	968	840.9	522	38.2	42.2	131	369
	左中孔	967.4	840.0	989	42.1	40.5	121	364
	泄洪洞	967.7	844.7	1926	42.4	62.5	112	388
二滩	6 中孔联合	1199.7	1022.9	6856	50.1	51.9	180	728
	7 表孔联合	1199.7	1021.5	6024	49	71.1	114	669
	1#泄洪洞	1199.8	1017.7	3688	44.7	41.5	194	566
	2#泄洪洞	1199.9	1017.8	3692	43.5	44.9	185	685
鲁布格	左泄洪洞	1124.0	1050.0	1727	28.4	32.2	60	300
	左泄洪洞	1127.7	1050.0	1800	29.1	31.5	63	277
	左溢洪道	1127.5	1050.0	1700	31.2	38	75	305

3. 振动评价准则的影响因素

根据文献资料、原型观测数据等筛选泄洪流量、上下游水位差、下游水深、岩体基本质量、河道水文情势、河谷岸坡形态、泄洪方式、泄洪时长等指标[108-110]。

4. 冲刷评价准则的影响因素

结合原型观测成果和文献资料，从泄洪消能水力学参数等多角度出发，分析可能影响泄洪冲刷的主要因素。现有研究表明，影响泄洪冲刷的因素主要包括上下游水位差、泄洪流量、岩体基本质量、河道水文情势、河谷岸坡形态、泄洪方式、泄洪时长等。

5. 指标选取定性计算

采用群决策特征根法[111](group decision eigenroot method，GEM)来解决指标选取问题。群决策特征根法即群体(G)对多个被评价目标做评判决策的新特征根法，运用该方法只需要专家对各个指标打分，然后将评分矩阵转置为矩阵 F。F 的最大特征根对应的特征向量就是筛选的结果。群决策特征根法既能克服判断矩阵的不一致性，又无须考虑专家的权重问题，计算也较简便[112]。

群决策特征根法由 $S_1, S_2, S_3,\cdots, S_m$ 组成 m 个专家群决策系统 G，对 n 个目标评价 $B_1, B_2, B_3, \cdots, B_n$，第 i 个专家 S_i 对第 j 个评价目标 B 的评分记为 $x_{ij}\in[i,j]$ (i=1, 2, 3, ⋯, m, j=1, 2, 3, ⋯, n)，x_{ij} 越大，被评价目标 B 就越重要。S_i 及其专家群决策系统 G 的评分组成 n 维列向量 x_i 和 $m\times n$ 矩阵 x。

$$x_i = (x_{i1}, x_{i2}, x_{i3}, \cdots, x_{im})^{\mathrm{T}} \in E^n$$
$$x = \left(x_{ij}\right)_{m \times n} = \begin{bmatrix} x_{11} & \cdots & x_{1n} \\ \vdots & \ddots & \vdots \\ x_{m1} & \cdots & x_{mn} \end{bmatrix} \tag{3.1}$$

它们是专家在一次决策中所得出的结论，是专家组中每一位成员对评价对象的评分结果。理想专家的评分向量为$x_* = (x_{*1}, x_{*2}, x_{*3}, \cdots, x_{*m})^{\mathrm{T}} \in E^n$。其中，理想专家是对评价目标的评价与群体 G 有高度一致性的专家，即 S 的评价结果与 G 的完全一致。

采用群决策特征根法对泄洪消能环境影响综合评价的指标进行重要性识别，找出关键指标。根据对现有文献资料及观测试验数据进行收集，某一指标的重要程度则根据在资料中提及或出现的频率来确定，用五级评分法，即仅为列举、重点提及、略做探讨、重点研究、决定因素，其对应的分值分别是 1、2、3、4、5。筛选后的泄洪消能环境影响综合评价各指标见表 3.3～表 3.6。

表 3.3　TDG 过饱和准则层评价指标

子目标层	子准则层	子指标层	指标重要性
泄洪消能 TDG 过饱和影响评价指标 F1	水力学条件 S1	泄洪流量 S11	0.5593
		上下游水位差 S12	0.3791
		下游水深 S13	0.3553
	运行条件 S4	泄洪方式 S41	0.4004
		孔口组合 S42	0.3211
		泄洪时长 S43	0.3108
		发电流量 S44	0.3256
	其他条件 S5	河道水深 S51	0.3768
		河道流速 S52	0.3879

表 3.4　雾化准则层评价指标

子目标层	子准则层	子指标层	指标重要性
泄洪消能雾化影响评价指标 F2	水力学条件 S1	泄洪流量 S11	0.4568
		上下游水位差 S12	0.3877
		下游水深 S13	0.3112
		水舌风速 S14	0.3093
	气象条件 S2	风速 S21	0.3222
		风向 S22	0.3378
		温度 S23	0.3105
		湿度 S24	0.3563

续表

子目标层	子准则层	子指标层	指标重要性
泄洪消能雾化影响评价指标F2	地形地貌条件 S3	岩体基本质量 S31	0.4385
		岩体风化程度 S32	0.4467
		岸坡坡度 S33	0.3819
		河谷形态 S34	0.3122
	运行条件 S4	泄洪方式 S41	0.3256
		孔口组合 S42	0.5324
		泄洪时长 S43	0.4460
		发电流量 S44	0.3112
	其他条件 S5	河道水深 S51	0.3320
		河道流速 S52	0.3100
		河床基岩种类 S53	0.3121

表 3.5　振动准则层评价指标

子目标层	子准则层	子指标层	指标重要性
泄洪消能振动影响评价指标F3	水力学条件 S1	泄洪流量 S11	0.4778
		上下游水位差 S12	0.4621
		下游水深 S13	0.4003
	地形地貌条件 S3	岩体基本质量 S31	0.3668
		岩体风化程度 S32	0.3451
		岸坡坡度 S33	0.3007
		河谷形态 S34	0.3102
	运行条件 S4	泄洪方式 S41	0.3701
		孔口组合 S42	0.4128
		泄洪时长 S43	0.3319
		发电流量 S44	0.3019
	其他条件 S5	河道水深 S51	0.3407
		河道流速 S52	0.3123
		河床基岩种类 S53	0.3767

表 3.6　冲刷准则层评价指标

子目标层	子准则层	子指标层	指标重要性
泄洪消能冲刷影响评价指标F4	水力学条件 S1	泄洪流量 S11	0.5321
		上下游水位差 S12	0.4550
		下游水深 S13	0.3782

续表

子目标层	子准则层	子指标层	指标重要性
泄洪消能冲刷影响评价指标F4	地形地貌条件 S3	岩体基本质量 S31	0.4219
		岩体风化程度 S32	0.3855
		岸坡坡度 S33	0.3112
		河谷形态 S34	0.3347
	运行条件 S4	泄洪方式 S41	0.4360
		孔口组合 S42	0.4458
		泄洪时长 S43	0.3779
		发电流量 S44	0.3019
	其他条件 S5	河道水深 S51	0.4311
		河道流速 S52	0.3657
		河床基岩种类 S53	0.4228

3.2.2 泄洪消能环境影响综合评价体系构建

根据第 2 章的理论基础，泄洪消能环境影响综合评价过程的理论依据是系统控制理论。基于水电站系统-社会经济-生态环境系统的框架和流域可持续发展理论，本书试图通过系统由整体到局部的动态因果关系以及各子系统间互馈耦合的机制构建完整、科学、系统的水电站运行影响社会、环境可持续发展的决策指标体系。一是通过从整体到局部的方法构建整体与各组成元素相互影响的因果关系。强调宏观(系统)与微观(各元素)相互影响和相互作用的动态关系，确定控制层和网络层的组成结构及决策准则，构建指标体系的理论框架。二是根据各子系统间的互馈耦合关系，建立各指标之间相互依存、相互支配和层次内部不独立的网络结构，更合理地反映出系统内部指标元素错综复杂的因果关系。在环境影响因素识别的基础上，结合环境现状和环境保护目标，构建泄洪消能环境影响综合评价体系。水电站系统-社会经济-生态环境系统环境影响综合评价体系如图 3.2 所示。

根据前述分析，水电站泄洪消能环境影响综合评价与一般水电开发项目在环境影响效应方面具有差异性，因此建立的评价体系应能够反映泄洪消能过程中产生特殊水力学现象的特点，同时指标的数量要适度，并且容易获取和量化，且可计算。泄洪消能产生的环境胁迫主要包括 TDG 过饱和、雾化、振动和冲刷，因此评价体系主要从四个方面考虑。

1. TDG 过饱和

大坝泄水期间，下泄水体卷吸大量空气进入坝下消能池，消能池内气体承压剧增，气体溶解度较常温常压下显著增加，导致下游水体 TDG 过饱和，TDG 过饱和现象对下游生态环境的影响主要表现为近坝区气体超饱和现象，由于在下游河道输移释放缓慢，将在较大范围内长时间存在，易造成鱼类损伤甚至罹患气泡病死亡。根据目前的 TDG 生成释放研究成果，影响 TDG 过饱和生成的主要因素有消能型式、泄洪流量与泄洪建筑物的布置，有效降低坝下 TDG 过饱和程度的主要因素是发电尾水的掺混。河道下游影响 TDG 过饱和沿程释放的重要因素是泄洪流量、泄洪时长、河道流速。单项环境影响因素 TDG 过饱和的评价指标如表 3.7 所示。

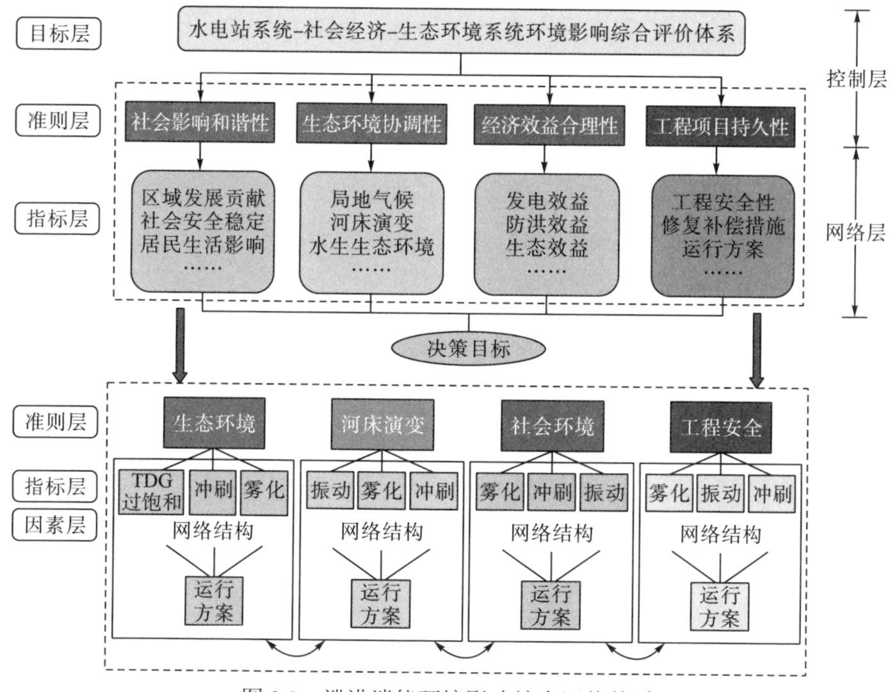

图 3.2　泄洪消能环境影响综合评价体系

表 3.7　单项环境影响因素 TDG 过饱和的评价指标

指标层	因素层	子因素层	指标性质
泄洪消能 TDG 过饱和影响评价指标 F1	水力学条件 S1	泄洪流量 S11	定量
		上下游水位差 S12	定量
		下游水深 S13	定量
	运行条件 S4	泄洪方式 S41	定性
		孔口组合 S42	定性
		泄洪时长 S43	定量
		发电流量 S44	定量
	其他条件 S5	河道水深 S51	定量
		河道流速 S52	定量

2. 雾化

不同消能型式产生水雾的机理、形态及雨雾程度，存在较大的差异。对于挑流消能，其雾化源来自三个方面，即水舌空中扩散掺气、水舌空中相碰和水舌入水喷溅，它的形态主要是水滴，其雨雾影响范围大，且强度大。雾化源主要是由水舌落水附近的水滴喷溅引起的。溅起的水滴在一定范围内产生强烈水舌风，水舌风又促进水滴向更远处扩散，即向下游和两岸山坡扩散。随着向下游的扩散，降雨强度逐渐减小。根据雾化水流各区域的形态特征和形成的降雨强弱，将雾化水流分为两个区域，即强暴雨区和雾流扩散区。强暴雨区的范围为水舌入水点前后的暴雨区和溅水区，雾流扩散区包括雾流降雨区和雾化区。对于底流消能，其雾化源是通过水跃产生的，并在自然风和水舌风的综合作用下，向下游扩散，在下游的空间中形成一定的水雾浓度。之后，小粒径水滴经自动转换过程和碰并过程转变为雨滴，它的形态主要是水雾；此雨雾影响范围小，且强度小。

泄洪消能雾化影响评价指标选取的关键因素是能否接近真实地反映雾化源的产生和发展的趋势，如表 3.8 所示。

表 3.8 单项环境影响因素雾化的评价指标

指标层	因素层	子因素层	指标性质
泄洪消能雾化影响评价指标 F2	水力学条件 S1	泄洪流量 S11	定量
		上下游水位差 S12	定量
		下游水深 S13	定量
		水舌风速 S14	定量
	气象条件 S2	风速 S21	定量
		风向 S22	定量
		温度 S23	定量
		湿度 S24	定量
	地形地貌条件 S3	岩体基本质量 S31	定性
		岩体风化程度 S32	定性
		岸坡坡度 S33	定性
		河谷形态 S34	定性
	运行条件 S4	泄洪方式 S41	定性
		孔口组合 S42	定性
		泄洪时长 S43	定量
		发电流量 S44	定量
	其他条件 S5	河道水深 S51	定量
		河道流速 S52	定量
		河床基岩种类 S53	定性

高坝泄洪雾化过程中，泄洪流量、上下游水位差、下游水深、水舌风速等水力学因素反映雾化源的产生，而风速、风向、岸坡坡度和河谷形态等因素反映雾化区域发展的难易程度，而较低的温度会使雾化的危害程度增加。

3. 振动

高坝泄流诱发工程结构的振动主要表现为两类：一类为水流作用在体型较大或约束较强的结构上，如溢流坝面、坝身孔口和水垫塘底板等；另一类为水流作用在体型较小且约束相对较弱的结构上，如导墙、闸门、闸墩和隔墙等，此时结构的振动形式较为复杂，流固耦合振动机制可能对结构振动产生较大影响，结构可能通过振动从水流中吸取能量，产生驰振、自激振动等，对结构稳定极为不利。而泄流产生的巨大能量通过大坝地基和周边场地等传递至较远距离，大大扩展了人们通常认为的泄洪振动所产生不利影响的范围，以至于对周边建筑的安全稳定、居民的身心健康产生了较为不利的影响。

动应力和动位移是振动响应特性的重要参数，动应力大容易造成水工建筑物结构疲劳破坏。对于混凝土结构在泄流振动作用下的疲劳破坏问题，至今还没有统一的理论。人体对振动反应的主观感受存在明显的差异性。一般来说，水工建筑物的安全评价以振动位移控制为主，水工泄洪建筑物流激振动常表现出低频振动的特点。因此，影响水工结构振动的水力学条件主要包括泄洪流量、上下游水位差、下游水深，运行条件包括泄洪方式、孔口组合以及泄洪时长等。地形地貌条件对结构安全的影响至关重要，主要通过基岩基本质量等来评价(表 3.9)。

表 3.9　单项环境影响因素振动的评价指标

指标层	因素层	子因素层	指标性质
泄洪消能振动影响评价指标 F3	水力学条件 S1	泄洪流量 S11	定量
		上下游水位差 S12	定量
		下游水深 S13	定量
	地形地貌条件 S3	岩体基本质量 S31	定性
		岩体风化程度 S32	定性
		岸坡坡度 S33	定性
		河谷形态 S34	定性
	运行条件 S4	泄洪方式 S41	定性
		孔口组合 S42	定性
		泄洪时长 S43	定量
		发电流量 S44	定量
	其他条件 S5	河道水深 S51	定量
		河道流速 S52	定量
		河床基岩种类 S53	定性

4. 冲刷

挑流对岩石河床的冲刷破坏机理非常复杂，是多学科交叉问题，其影响因素众多(包括确定性的和不确定性的)，射流对基岩的冲刷过程，从宏观上看主要取决于射流的冲刷能力和基岩的抗冲能力，基岩的抗冲能力实质上就是基岩抵抗破坏的能力，影响基岩抗冲能力的因素主要包括岩体基本质量、岩体风化程度等方面。影响冲坑深度的主要因素包括泄洪流量、上下游水位差、下游水深、河道水深等方面(表 3.10)。

表 3.10 单项环境影响因素冲刷的评价指标

指标层	因素层	子因素层	指标性质
泄洪消能冲刷影响评价指标 F4	水力学条件 S1	泄洪流量 S11	定量
		上下游水位差 S12	定量
		下游水深 S13	定量
	地形地貌条件 S3	岩体基本质量 S31	定性
		岩体风化程度 S32	定性
		岸坡坡度 S33	定性
		河谷形态 S34	定性
	运行条件 S4	泄洪方式 S41	定性
		孔口组合 S42	定性
		泄洪时长 S43	定量
		发电流量 S44	定量
	其他条件 S5	河道水深 S51	定量
		河道流速 S52	定量
		河床基岩种类 S53	定性

影响流域环境健康发展的因素很多，根据泄洪消能对流域环境的影响机理分析可知，梯级开发对流域环境所造成的累积效应是十分复杂的。但是水电事业的发展离不开环境系统的支撑，它需要环境系统提供各种支撑水资源开发和社会经济发展活动的基础要素。环境系统的支撑功能不仅要反映环境系统本身的质量状况，还要反映人类活动对环境质量的驱动作用。因此，水电站泄洪消能的环境影响综合评价应选择能表征环境系统支撑功能特征的指标来建立指标体系，即反映环境质量状况和水电站运行的驱动作用，利用这些指标的变化来反映泄洪消能所带来的环境影响效应。基于此构建了水电站泄洪消能环境影响指标体系(图 3.3)。

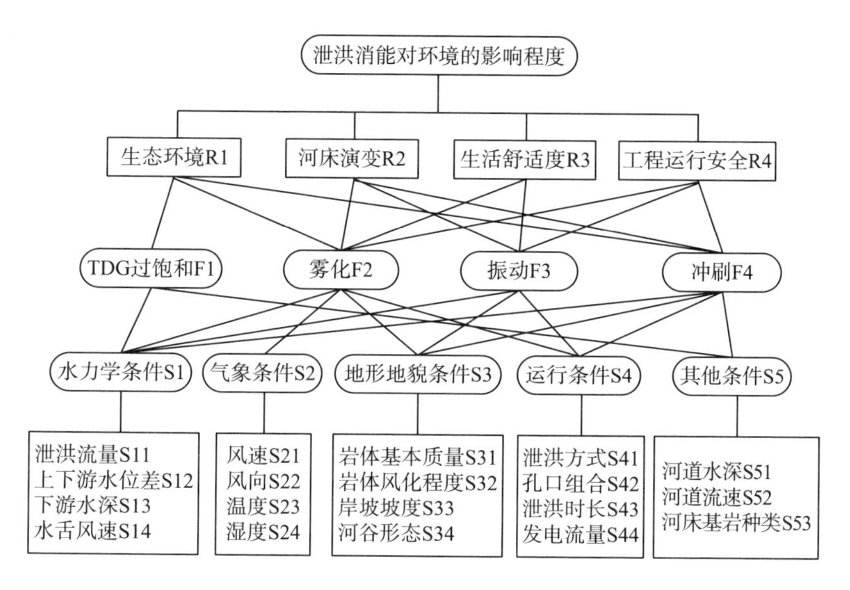

图 3.3　水电站泄洪消能环境影响指标体系

层次结构模型从上到下依次为目标层、准则层、指标层和因素层。评价目标为泄洪消能对环境的影响程度，准则层以环境破坏、社会稳定以及工程运行安全三个方面为主，分别包括生态环境、河床演变、生活舒适度以及工程运行安全，指标层为水电站运行时产生的水力学问题，主要包括 TDG 过饱和、雾化、振动以及冲刷。因素层按照水力学条件、气象条件、地形地貌条件、运行条件及其他条件分为 5 类共 19 个二级指标。

3.2.3　泄洪消能环境影响指标间关系

泄洪消能造成环境破坏的因素很多，指标之间具有相互影响、相互制约的关系，因而建立指标体系时，并不能由单一的、相互独立的层次结构简单地表示，需要对指标进行因果关系判断，主要采用两种方式来确定。

(1) 指标间是否存在较为成熟的机理研究并被广泛认可，这种方式可靠性高，在相同领域内指标联系研究相对丰富，较容易实现。如图 3.4 所示，根据现有的机理研究，准则层以层级结构为主，具有递阶的影响关系，而因素层呈现元素之间相互影响的复杂关系，随着指标的增加，网络结构越来越复杂。

(2) 当目前机理研究不足以判断时，就需要各领域专家基于经验背景来进行主观判断，为提高结论的可信性，采用德尔菲法进行判断。当关系判断完成后，可以构建因果矩阵 A，该矩阵行 a_i 代表源，列 a_j 代表汇，如果存在因果关系，则在行指标和列指标交汇处值为 $a_{ij}=1$，否则为 0，如表 3.11 所示。根据该矩阵可以绘出因果关系图。

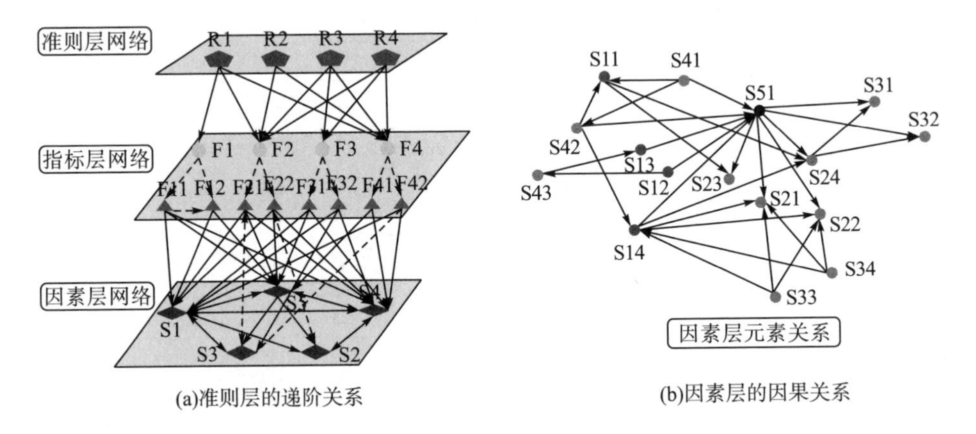

(a)准则层的递阶关系　　(b)因素层的因果关系

图 3.4　指标间的因果关系结构图

表 3.11　指标间的因果关系计算表

相关关系		计算结果			
		p_1	p_2	…	p_n
影响因素	p_1	1	a_{12}	…	a_{1n}
	p_2	a_{21}	1	…	…
	…	…	…	1	…
	p_n	a_{n1}	…	…	1

注：$a_{ij}=\begin{cases}1, & p_i \to p_j \\ 0, & \text{其他}\end{cases}$。

但是该矩阵只能反映指标间是否存在联系，联系的紧密程度需要通过相关程度矩阵来描述，指标相关程度用相关系数表示。相关系数(correlation coefficient)是反映变量之间关系密切程度的统计指标，相关系数的取值区间为-1～1。1 表示两个变量完全线性相关，-1 表示两个变量完全负相关，0 表示两个变量不相关。数据越趋近于 0 表示相关关系越弱。以下是相关系数的计算公式。

$$b_{ij}=\begin{cases}1, & i=j \\ \left|\dfrac{S_{(p_i,p_j)}}{S_{(p_i)}S_{(p_j)}}\right|, & i<j，b_{ij}\in[0,1] \\ \dfrac{1}{b_{ji}}, & i>j\end{cases} \tag{3.2}$$

其中，b_{ij} 表示指标 p_i 和 p_j 的样本相关系数；$S_{(p_i,p_j)}$ 表示指标 p_i 和 p_j 样本协方差；$S_{(p_i)}$ 表示 p_i 的样本标准差；$S_{(p_j)}$ 表示 p_j 的样本标准差。为了保持方向的一致性，当 r=ABS(r)（r 为样本相关系数组成的矩阵，ABS 表示绝对值），而在多目标评价时，对于相关性的正负表达可以通过指标的正反向标准化实现。最终构建能够反映系统关系特征的矩阵 C，定义 $c_{ij}=a_{ij}\times b_{ij}$，则

$$C=\begin{pmatrix} a_{11}\times b_{11} & \cdots & a_{1n}\times b_{1n} \\ \vdots & & \vdots \\ a_{n1}\times b_{n1} & \cdots & a_{nn}\times b_{nn} \end{pmatrix}=\begin{pmatrix} 1 & \cdots & c_{1n} \\ \vdots & & \vdots \\ c_{n1} & \cdots & 1 \end{pmatrix} \tag{3.3}$$

根据计算结果（表 3.12），各指标关系度基本位于 0.14～0.55，属于较高关联程度，但其中不同指标对上一级指标层的关联程度以及优先程度又有一定的差异。总体来看，水力学条件和运行条件对各指标层的关联程度最大。

表 3.12　各指标层指标因果关联程度（关系度）

TDG 过饱和指标层		雾化指标层		振动指标层		冲刷指标层	
因素	关系度	因素	关系度	因素	关系度	因素	关系度
泄洪流量 S11	0.68	泄洪流量 S11	0.72	泄洪流量 S11	0.74	泄洪流量 S11	0.79
上下游水位差 S12	0.45	上下游水位差 S12	0.65	上下游水位差 S12	0.71	上下游水位差 S12	0.74
下游水深 S13	0.44	下游水深 S13	0.66	下游水深 S13	0.66	下游水深 S13	0.77
泄洪方式 S41	0.38	水舌风速 S14	0.45	岩体基本质量 S31	0.51	岩体基本质量 S31	0.65
孔口组合 S42	0.58	风速 S21	0.55	岩体风化程度 S32	0.51	岩体风化程度 S32	0.62
泄洪时长 S43	0.45	风向 S22	0.56	岸坡坡度 S33	0.51	岸坡坡度 S33	0.54
发电流量 S44	0.51	温度 S23	0.45	河谷形态 S34	0.48	河谷形态 S34	0.52
河道水深 S51	0.38	湿度 S24	0.57	泄洪方式 S41	0.68	泄洪方式 S41	0.71
河道流速 S52	0.37	岩体基本质量 S31	0.68	孔口组合 S42	0.74	孔口组合 S42	0.73
		岩体风化程度 S32	0.66	泄洪时长 S43	0.71	泄洪时长 S43	0.71
		岸坡坡度 S33	0.54	发电流量 S44	0.56	发电流量 S44	0.56
		河谷形态 S34	0.37	河道水深 S51	0.51	河道水深 S51	0.64
		泄洪方式 S41	0.71	河道流速 S52	0.52	河道流速 S52	0.62
		孔口组合 S42	0.82	河床基岩种类 S53	0.52	河床基岩种类 S53	0.68
		泄洪时长 S43	0.72				
		发电流量 S44	0.44				
		河道水深 S51	0.43				
		河道流速 S52	0.42				
		河床基岩种类 S53	0.54				

3.3 泄洪消能环境影响的评价标准

评价指标与关系确定以后，依然不能直接用它们去进行评价。主要是由于各指标因子的量纲不统一，没有可比性。为此，必须对参评因素进行量化处理，用标准化方法来解决参数间不可比性的难题。量化处理的方法多种多样，比较简明实用的做法是将其量化分级，从低到高分若干级，以反映环境状况从劣到优的变化。只有这样，才能最终进行比较。

3.3.1 定量指标评价标准

定量指标计算的数据来源主要是水文年鉴、水电站气象资料、设计资料。

指标数据收集完整后，按照下面的方法进行标准化处理。首先，把环境质量标准分为四级，每一级对应一个无量纲的环境质量值，环境质量最差的 1 级取值为 1，最好 4 级取值为 0，即环境质量值按标准取值为 0～1。然后，将收集到的数据对应表中各个质量值的限值，计算出各个因素对应的质量值，对于因素数据落在两个限值之间的，可利用线性插值求出质量值，如表 3.13 所示。

表 3.13 定量指标环境影响评价标准分级及其环境质量值

序号	影响因素	影响严重Ⅰ	影响大Ⅱ	影响小Ⅲ	无影响Ⅳ	无量纲化计算
		环境影响评价标准				
		[1,0.75)	[0.75,0.5)	[0.5,0.25)	[0.25,0)	
1	泄洪流量 S11					泄洪流量/最大泄洪流量
2	上下游水位差 S12					上下游水位差/最大水位差
3	下游水深 S13					下游水深/最大水深
4	水舌风速 S14					水舌风速/最大风速
5	风速 S21					风速/年最大风速
6	温度 S23					温度/年最大温度
7	湿度 S24					湿度/年最大湿度
8	泄洪时长 S43					泄洪时长/平均泄洪时长
9	发电流量 S44					出力/最大出力
10	河道水深 S51					河道水深/最大水深
11	河道流速 S52					河道流速/年最大流速

对于指标层的评价标准，如TDG过饱和、雾化、振动等指标元素，目前在水利工程环境影响评价中，虽然没有统一的标准，但是依据相近行业的评价规范，大致可以定量化这些指标的评价标准或准则。对泄洪雾化的降雨强度进行分级，进而按降雨强度等级对雾化降雨区进行分区，其目的是判断雾化危害程度及确定工程防护标准，泄洪雾化的最大降雨强度远大于最大自然降雨强度，气象部门的雨区划分标准不适合水工建筑物泄洪雾化的要求，因此借鉴国内雾化降雨强度统计数据，拟定泄洪雾化降雨强度分级标准(表3.14)。

表3.14　泄洪雾化降雨强度分级表

等级	12h雨量/mm	降雨强度/(mm/h)	降雨特征及其对环境的影响	分级根据
I	＜70	＜5.8	天然暴雨以下的降雨	参照气象研究
II	70～140	5.8～11.7	相当于天然降雨的大暴雨、特大暴雨	参照气象研究
III	140～7200	11.7～600	降雨强度大于特大暴雨，上限已达人畜存活极限，区域内人会感觉胸闷、呼吸不畅，能见度低于90m，在该区内限制人员活动、限制交通	600mm/h的界限由原型观测测量和现场观察取得
Ⅳ	＞7200	＞600	雨区内空气稀薄、能见度低，人畜在该区内会窒息而死，当降雨强度大于1600mm/h时，能见度小于4m	

振动主要分为对泄洪建筑物安全性的影响以及对下游居民生活舒适度的影响。工程实践表明，高频小幅振动与低频大幅振动具有同等的危害性，因此危害振动的判别要综合流激振动的时域数字特征与频域能量分布特征，但目前尚没有统一或公认的标准或方法，我国水电站厂房设计规范中要求最大垂直振幅不超过0.15mm，最大水平振幅不超过0.2mm。根据具体情况并参考有关标准，对水下结构的振动，采用加速度作为主要的评价依据。流激振动建筑物安全评价可参考的标准主要是机械振动的《建筑工程容许振动标准》(GB 50868—2013)，如表3.15所示。水利工程泄洪消能过程中人体承受振动的情况具有自身显著的特点，人体对振动反应的主观感受存在明显的差异性。如果环境条件、振动量级相同，不同的人因为承受能力不一样会有不同的主观感受，而即使同一个人在相同的振动量级下，也会因所处的环境条件不同，人体的感受也不尽相同。由此可见，在水利工程中对人体振动舒适度进行评价是一个十分复杂的问题。流激振动对人体舒适度影响评价可依据《城市区域环境振动标准》(GB 10070—1988)、《住宅建筑室内振动限值及其测量方法标准》(GB/T 50355—2018)，其均由竖直方向振动加速度级控制[113,114]，如表3.16所示。

表 3.15　城市各类区域竖直向 Z 振级标准值　　（单位：dB）

适用地带范围	昼间	夜间
特殊住宅区	65	65
居民、文教区	70	67
混合区、商业中心区	75	72
工业集中区	75	72
交通干线道路两侧	75	72
铁路干线两侧	80	80

表 3.16　住宅建筑室内振动加速度级限值　　（单位：dB）

等级	时段	1/3 倍频程中心频率									
		1Hz	1.25Hz	1.6Hz	2Hz	2.5Hz	3.15Hz	4Hz	5Hz	6.3Hz	8Hz
1 级限值	昼间	76	76	76	75	71	72	70	70	70	70
	夜间	73	73	73	72	71	69	67	67	67	67
2 级限值	昼间	81	81	81	80	79	77	75	75	75	75
	夜间	78	78	78	77	76	74	72	72	72	72

结合原型观测成果和文献资料查阅，从泄洪消能水力学参数等多角度出发，分析影响泄洪冲刷的主要因素包括上下游水位差、泄洪流量、下游水深、河谷形态和基岩抗冲特性等。其中，基岩抗冲特性是综合性评价指标，影响基岩冲刷的主要因素包括水流单宽流量、上下游水头、基岩解体后的岩块代表粒径与抗冲特性等，一般采用经验公式$t_s = k\dfrac{q^x H^y}{d^z}$计算冲坑最大水深。其中，$x$、$y$、$z$ 表示指数；d 表示基岩解体后岩块的代表粒径；k 表示综合冲刷系数；H 表示上下游水位差，基岩的抗冲能力分类和冲刷系数 K 的取值如表 3.17 和表 3.18 所示。

在 TDG 过饱和准则中，对 TDG 过饱和程度的评价标准为气体溶解程度以及 TDG 沿程释放的过程，如果是梯级电站，还需要考虑上一级电站 TDG 浓度对该级电站 TDG 生成过程的影响。目前，在 TDG 过饱和的综合评价中，没有对 TDG 过饱和程度的危害进行统一规定，根据工程测量数据以及鱼类耐受性可以将坝前 TDG 浓度、坝后 TDG 浓度以及沿程 TDG 释放浓度大致进行划分，如表 3.19 所示。

表 3.17　基岩抗冲能力分类表

特征		I	II	III	IV
可冲性		难冲	可冲	较易冲	易冲
抗冲速度/(m/s)		>12	12～8	8～5	<5
节理裂隙	间距/cm	>150	50～150	20～50	<20
	发育程度	不发育	较发育	发育	很发育
	裂隙性质	多为原生性，密闭	以构造性为主，少填充	以构造风化型为主，胶结较差	以风化型为主，胶结很差
岩石特征	完整程度	完整	较完整	较破碎	完全破碎
	结构类型	整体结构	砌体结构	镶嵌结构	压碎结构
	岩石质量	>80%	50%～80%	25%～50%	<25%
	块度模数	>4	2～4	1～2	<1
次要特征	硬度	为坚硬非均质岩石	中等硬度非均质岩石	较软弱的非均质岩石	软弱夹层的非均质岩石
	风化程度	基本未风化	表面局部区域风化	几乎全风化	完全风化

表 3.18　冲刷系数取值表

基岩抗冲分类	综合冲刷系数 k		基岩冲刷系数 K	
	范围	平均	范围	平均
I (难冲)	0.8～0.9(0.6～0.9)	0.85(0.75)	0.8～2.0	1.4
II (可冲)	0.9～1.2	1.10(1.05)	2.0～3.2	2.6
III (较易冲)	1.2～1.5	1.35	3.2～4.5	3.9
IV (易冲)	1.5～2.0	1.8	4.5～6.4(4.5～6.1)	5.6(5.5)

表 3.19　TDG 过饱和程度评价标准

指标	影响严重 I	影响大 II	影响小 III	无影响 IV
坝前 TDG 浓度/%	>120	120～110	110～100	<100
坝后 TDG 浓度/%	>150	150～130	130～110	<110
沿程 TDG 释放浓度/%	<3	3～6	6～10	>10

3.3.2 定性指标评价标准

生态环境影响范围广、时间长，大多影响因子的数据难以收集或难以直接定量计算，有的甚至不能计算，使得指标大多限于定性描述和总结。为了提供一个直观而深刻的评价结果，就需要进行相应的定量计算，因此在实际工作中应寻求尽量可行的定量计算方法。在尚无有效的直接计算方法时，可采用专家咨询、打分的方法来解决。指标的定性分析主要是采用文字描述来说明事物的性质和特点以及对目标层的影响程度。对指标的定性分析应建立在对泄洪消能过程中影响区域内的生态环境等影响状况进行深入调查分析的基础上，采取科学的态度，给予客观深刻的描述。可建立指标分析表以便于评价人员及专家对评价指标的影响状况有清晰的了解，进行评估打分。指标分析表现形式如表 3.20 所示。

表 3.20 定性指标分析表

评价指标		指标描述、分析			
		TDG 过饱和	雾化	振动	冲刷
1	泄洪方式	挑流消能影响较严重，底流消能影响一般	挑流消能影响最为严重，底流消能影响较小	底流消能影响严重	挑流消能影响较严重
…	…	…	…	…	…

采用专家对定性指标进行打分的方法时，专家的选择非常重要。一个水利工程项目的建设涉及很多领域，所选专家要广泛一些。对指标评价标准的确定涉及因素广泛，与当地自然条件、社会情况、人们的认知程度有关，难以用固定的数值来度量。为便于应用，可用统计分析方法确定各项指标评价标准的区间值，如孔口组合对环境影响的标准如表 3.21 所示。

表 3.21 孔口组合环境影响程度表

孔口组合	环境质量值				备注
	[1,0.75)	[0.75,0.5)	[0.5,0.25)	[0.25,0)	
表孔泄洪	无	影响较大	影响较小	无	对 TDG 过饱和的影响程度
中孔泄洪	无	影响较大	影响较小	无	
泄洪洞泄洪	无	无影响	影响较小	无	
中、表孔联合泄洪	无	影响较大	影响较小	无	
中、表孔+泄洪洞联合泄洪	无	影响较大	影响较小	无	

第 4 章　泄洪消能环境影响综合评价模型

关于泄洪消能环境影响综合评价方法与模型的研究，第 2 章明确了已有评价方法和泄洪消能相关评价研究方法的优劣及适用性。在此基础上，根据泄洪消能环境影响评价研究的特点，对评价方法进行选取并优化改进，探讨其适用性；最终形成泄洪消能环境影响综合评价模型，并对模型评价过程进行详细分析。

4.1　评价方法选取与适用性分析

4.1.1　评价方法选取与优化

1. 评价方法选取

泄洪消能环境影响综合评价方法的选取需要建立在对泄洪消能研究特点的认知基础上，避免产生为追求新方法而创造方法的错误。总结泄洪消能机理研究的特点如下：从评价问题来看，泄洪消能环境影响综合评价是一个涉及系统理论、高速水力学、环境水力学、生态学等多学科和跨学科的评价问题，已有相关研究较少，尚存在一些边界不清、不易定量的评价因素，是典型的多种因素制约的、难以量化的事物或对象。

从评价目标来看，实现泄洪消能环境影响量化评价对于推动消能技术科学客观发展具有重要意义，然而，相关研究在我国尚处于初步发展阶段，已有为数不多的国内外泄洪消能单项环境影响评价仍以定性研究为主，在建立科学客观的量化评价指标方面仍存在较大的探索空间。同时，泄洪消能环境影响综合评价需要实现对评价对象的等级评定，以从实践层面落实评价遴选。

从评价指标来看，泄洪消能环境影响综合评价指标涉及多层次、多维度等多个方面，是对水电站系统运行环境综合影响系统性和全局性的评价，评价指标具有多维度和多层次的特点；同时，泄洪过程涉及的高速水力学的理论和实践发展处于起步阶段，尚未形成固定的量化参考值，因此评价指标往往以质量型指标为主，这就要求评价方法能够很好地适用于主观性指标评价。

从评价数据来看，现有评价研究经常依赖于工程项目的统计数据或问卷调研数据，这些数据常常存在样本量少、研究范围相对狭隘、数据调查成本高等问题；目前对泄洪消能环境影响机理的认识尚不透彻，对 TDG 过饱和现象、雾化、振动以及冲刷的评价，存在数据采集工作的非全面性、指标信息的不充分性、指标权重的模糊性以及定性变量的不确定性等特点。基于以上特点，决策者在评价方案时并非只做出支持(肯定)或反对(否定)两种选择，还存在犹豫(不确定)的现象。对于一些专业性较高且新兴的研究问题，专家评定数据难以反映问题全貌。

针对上述特点，结合一般评价方法的优劣、适用性，以及已有水电站系统环境影响相关评价方法应用情况，泄洪消能环境影响综合评价以直觉模糊综合评价为评价主模型，同时引入网络层次分析与系统动力学方法，对评价研究进行优化和改进。直觉模糊集(intuitionistic fuzzy set，IFS)采用三参数(隶属度、非隶属度和犹豫度)的形式细腻地刻画出评价(决策)过程中决策者犹豫、不确定的特点。一方面，直觉模糊形式的数据表达方式更加符合综合评价的实际情况；另一方面，综合评价反映的是一个价值判断的认识过程，因此对于一个综合评价体系，三参数的直觉模糊数方式表达的评价结果的可接受程度更高，使得评价结果具有较好的可信度。通过隶属度理论，将评价对象或其所指的模糊概念，转化成模糊集合，应用模糊集合理论相关原理，对不易定量和尚未明确界定的因素进行量化，从而实现对多要素制约对象的综合评价[115,116]。模糊评价方法具有数学模型简单易用、方法应用成熟的特点，是目前多指标综合评价中应用最为广泛的方法之一；更为重要的是，该方法针对泄洪消能环境影响综合评价的特点，具有较好的适用性。下面的评价方法适用性中，将做详细探讨。

2. 评价方法优化

对评价方法进行的优化和改进，主要集中在两方面：①优化直觉模糊综合评价模型的权重求解；②引入水电站系统-社会经济-生态环境系统动力学模型，优化评价数据和评价指标值获取(图 4.1)。

第一，优化直觉模糊综合评价模型的权重求解。针对直觉模糊综合评价中的权重计算，提出基于直觉模糊网络分析方法的评价方法，有效地解决了评价指标间要带有反馈、依赖关系难题，同时结合指标评价正负理想解的概念使得权重求解更加客观。此外，该方法可以有效地计算复杂评价体系的一致性，可应用性强。

第二，优化评价数据和评价指标值获取。构建系统动力学模型，获得相关指标的数据。具体而言：①针对泄洪消能单项环境评价数据可用样本少、分散化、结构化的特点，建立水电站系统-社会经济-生态环境系统的动力学模型，解决 TDG 过饱和、雾化、振动和冲刷单项评价一类新型研究问题样本量不足、难以量化评价的困境。同时，实现泄洪消能评价指标的量化赋值，为这一较为新兴和前沿的评价研究提供了新思路。②系统动力学模型，可在一定程度上描述评价指标之间的因果关系，在微观方面，实现了基于“一体两面”的指标关系的研究，同时也从系统层面证实了评价体系的相互关系。

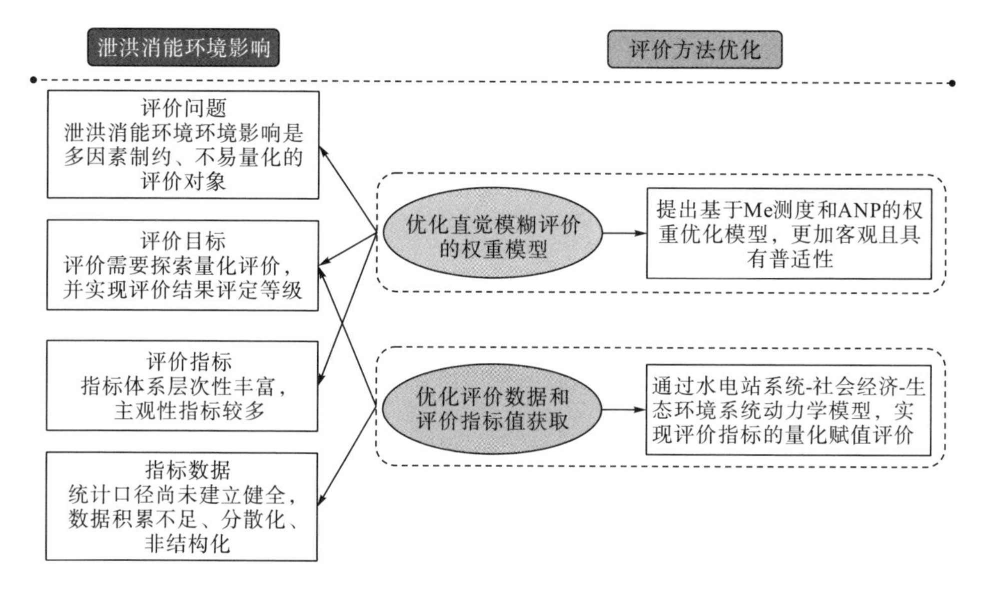

图 4.1　评价方法优化

4.1.2　评价方法适用性

对照上述泄洪消能环境影响综合评价研究特点，以直觉模糊综合评价为评价主模型，提出了基于直觉模糊集和 ANP 的权重优化模型以及系统动力学仿真模型，其在评价研究的适用性体现在如下方面。

第一，针对泄洪消能环境影响综合评价模糊性强、不易量化，评价指标层次性和主观性强，评价结果需实现评定等级等特点，直觉模糊综合评价以及提出的新型权重求解方法的改进，具有以下适用性。

(1) 直觉模糊综合评价方法通过直觉模糊数学的隶属度理论，将不完全信息、不确定信息转化为模糊概念，使定性问题定量化，提高评估的准确性。

(2) 相较于其他综合评价方法，直觉模糊综合评价是一种价值排序与价值分类评价方法，可满足对泄洪消能环境影响评定等级的需要；同时，多个评语等级的直觉模糊综合评价输出结果通常为一个向量，而非一个点值，包含的信息更为丰富，可更为客观地刻画评价对象。

(3) 在直觉模糊综合评价权重求解中引入 Me 测度和 ANP 的权重优化模型，使得权重求解更加客观化，适用性更强。

第二，针对泄洪消能环境影响评价数据可用样本少、分散化、非结构化的特点，通过引入水电站系统-社会经济-生态环境系统动力学模型来获取评价指标值，具有以下适用性。

(1)通过引入系统动力学模型对指标因果关系进行进一步分析，可在一定程度上实现单项环境评价指标的量化赋值评价，为泄洪消能环境影响综合评价这一较为新兴和前沿的研究课题提供新思路。

(2)充分体现了评价体系的指标因果关系和系统的特点。充分利用指标因果关系，指标之间的整体性、实时性和数量上的优势，解决泄洪消能环境影响综合评价这类研究问题样本量不足、难以量化评价的困境。

4.2 直觉判断矩阵

在实际水利工程的评价决策问题中，当决策者有能力提供完整的评价信息时，通过这些评价信息，构建直觉模糊评价矩阵，称为直觉模糊偏好关系[117,118]。

定义 4.1 确定某准则下指标偏好关系的矩阵为

$$r_{ij}=\left(\mu_{ij},v_{ij}\right),\quad i,j=1,2,\cdots,n \tag{4.1}$$

其中，μ_{ij} 为直觉模糊数；v_{ij} 为非直觉模糊数；$\mu_{ij}+v_{ij}\leqslant 1$。

偏好关系表示，在某准则下，指标 i 与指标 j 对同一准则的贡献比或者重要程度的主观判断，用[0,1]刻度表示。对于一个直觉模糊数 $r_{ij}=(\mu_{ij},v_{ij})$，令其得分函数 $S=(s(d_{ij}))_{n\times m}$，$s(d_{ij})\in[-1,1](i=1,2,\cdots,n;j=1,2,\cdots,m)$ 表示非模糊信息部分，且犹豫度 $\pi_{ij}=1-\mu_{ij}-v_{ij}$ 表示模糊信息部分。

积性一致性是研究偏好关系的关键一步，一致性的数学意义是在一定程度上反映了建立的直觉模糊偏好关系是否在逻辑熵存在一定的误差，也是判断偏好关系准确程度最重要的指标之一[119-121]。利用方案的综合得分值构造积性一致性互补判断矩阵 $\dot{B}=(\dot{b}_{ij})_{n\times n}$，其中 $\dot{b}_{ij}=\dfrac{\overline{s}(d_i)}{\overline{s}(d_i)+\overline{s}(d_j)}(i,j=1,2,\cdots,n)$。

(1)若积性一致性互补判断矩阵与决策者的直觉判断矩阵是完全一致的，则有下列不等式成立：

$$\mu_{ij}\leqslant\frac{\overline{s}(d_i)}{\overline{s}(d_i)+\overline{s}(d_j)}\leqslant v_{ij},\quad i=1,2,\cdots,n-1;j=i+1,\cdots,n \tag{4.2}$$

式(4.2)可等价为

$$\mu_{ij}\left(\overline{s}\left(d_i\right)+\overline{s}\left(d_j\right)\right)\leqslant\overline{s}\left(d_i\right)\leqslant\left(1-v_{ij}\right)\left(\overline{s}\left(d_i\right)+\overline{s}\left(d_j\right)\right),$$
$$i=1,2,\cdots,n-1;j=i+1,\cdots,n \tag{4.3}$$

即

$$\mu_{ij}\left[\sum_{k=1}^{m}\omega_k\left(\overline{s}\left(d_{ik}\right)+\overline{s}\left(d_{jk}\right)\right)\right]\leqslant\sum_{k=1}^{m}\omega_k\overline{s}\left(d_{ik}\right)\leqslant\left(1-\nu_{ij}\right)\left[\sum_{k=1}^{m}\omega_k\left(\overline{s}\left(d_{ik}\right)+\overline{s}\left(d_{jk}\right)\right)\right],$$

$$i=1,2,\cdots,n-1;\ j=i+1,\cdots,n \tag{4.4}$$

在大多数情况下，满足式(4.4)的属性权重 $\omega_k(k=1,2,\cdots,m)$ 应该属于某个区间，因此基于不等式以及已知的权重信息，构建线性规划模型如下。

模型(M-1)：

$$\omega_k^- = \min\omega_k \tag{4.5}$$

$$\text{s.t.}\begin{cases}\sum_{k=1}^{m}\omega_k[(1-\mu_{ij})\overline{s}\left(d_{ik}\right)-\mu_{ij}\overline{s}(d_{jk})]\geqslant 0, & i=1,2,\cdots,n-1;\ j=i+1,\cdots,n\\ \sum_{k=1}^{m}\omega_k[\nu_{ij}\overline{s}\left(d_{ik}\right)-(1-\nu_{ij})\overline{s}(d_{jk})]\geqslant 0, & i=1,2,\cdots,n-1;\ j=i+1,\cdots,n\\ \omega=(\omega_1,\omega_2,\cdots,\omega_m)^{\mathrm{T}}\in A,\quad \omega_k\geqslant 0, & k=1,2,\cdots,m,\ \sum_{k=1}^{m}\omega_k=1\end{cases} \tag{4.6}$$

模型(M-2)：

$$\omega_k^+ = \max\omega_k \tag{4.7}$$

$$\text{s.t.}\begin{cases}\sum_{k=1}^{m}\omega_k((1-\mu_{ij})\overline{s}\left(d_{ik}\right)-\mu_{ij}\overline{s}(d_{jk}))\geqslant 0, & i=1,2,\cdots,n-1;\ j=i+1,\cdots,n\\ \sum_{k=1}^{m}\omega_k[\nu_{ij}\overline{s}\left(d_{ik}\right)-(1-\nu_{ij})\overline{s}(d_{jk})]\geqslant 0, & i=1,2,\cdots,n-1;\ j=i+1,\cdots,n\\ \omega=(\omega_1,\omega_2,\cdots,\omega_m)^{\mathrm{T}}\in A,\quad \omega_k\geqslant 0, & k=1,2,\cdots,m,\ \sum_{k=1}^{m}\omega_k=1\end{cases} \tag{4.8}$$

求解模型(M-1)和模型(M-2)，可得到互补判断矩阵属性权重向量的集合：

$$\rho_4=\left\{\omega=(\omega_1,\omega_2,\cdots,\omega_m)^{\mathrm{T}},\ \ \omega_k=[\omega_k^-,\omega_k^+],\ \ \omega_k\geqslant 0,\ k=1,2,\cdots,m,\ \sum_{k=1}^{m}\omega_k=1\right\} \tag{4.9}$$

(2) 若积性一致性互补判断矩阵与评估者的直觉判断矩阵(偏好关系矩阵)存在不一致的情况[122-124]，则式(4.4)不成立，此时不能用模型(M-1)和模型(M-2)，为此，对这两个模型进行拓展，引入偏差变量 δ_{ij}^- 和 δ_{ij}^+ 对不等式(4.4)进行松弛计算：

$$\mu_{ij}\left(\sum_{k=1}^{m}\omega_k(\overline{s}\left(d_{ik}\right)+\overline{s}(d_{jk}))\right)-\delta_{ij}^-\leqslant\sum_{k=1}^{m}\omega_k\overline{s}\left(d_{ik}\right)\leqslant\left(1-\nu_{ij}\right)\left(\sum_{k=1}^{m}\omega_k(\overline{s}\left(d_{ik}\right)+\overline{s}(d_{jk}))\right)+\delta_{ij}^+,$$

$$i=1,2,\cdots,n-1;\ j=i+1,\cdots,n \tag{4.10}$$

其中，δ_{ij}^- 和 δ_{ij}^+ 均为非负实数。特别地，若 δ_{ij}^- 和 δ_{ij}^+ 均为零，则式(4.10)退化为不

等式(4.4)。考虑到偏差量δ_{ij}^-和δ_{ij}^+越小，积性一致性互补判断矩阵与决策者的直觉判断矩阵越贴近，为此，建立以下优化模型。

模型(M-3)：

$$\varphi_2^* = \min\sum_{i=1}^{n-1}\sum_{j=i+1}^{n}\left(\delta_{ij}^- + \delta_{ij}^+\right) \tag{4.11}$$

$$\text{s.t.}\begin{cases}\sum_{k=1}^{m}\omega_k((1-\mu_{ij})\overline{s}(d_{ik}) - \mu_{ij}\overline{s}(d_{jk})) + \delta_{ij}^- \geqslant 0, & i=1,2,\cdots,n-1; j=i+1,\cdots,n\\ \sum_{k=1}^{m}\omega_k(\nu_{ij}\overline{s}\left(d_{ik}\right) - (1-\nu_{ij})\overline{s}(d_{jk})) - \delta_{ij}^+ \geqslant 0, & i=1,2,\cdots,n-1; j=i+1,\cdots,n\\ \omega = (\omega_1,\omega_2,\cdots,\omega_m)^{\mathrm{T}} \in A, \quad \omega_i \geqslant 0, & k=1,2,\cdots,m,\ \sum_{k=1}^{m}\omega_k = 1\\ \delta_{ij}^-,\ \delta_{ij}^+ \geqslant 0, & i=1,2,\cdots,n-1; j=i+1,\cdots,n\end{cases} \tag{4.12}$$

由模型(M-3)可得：积性一致性互补判断矩阵与直觉判断矩阵是完全一致的必要充分条件为$\varphi_2^*=0$。若$\varphi_2^*\neq 0$，则基于最优偏差变量$\dot{\delta}_{ij}^-$和$\dot{\delta}_{ij}^+(i=1,2,\cdots,n-1; j=i+1,\cdots,n)$，类似于模型(M-1)和模型(M-2)，进一步建立下列两个线性规划模型。

模型(M-4)：

$$\omega_k^- = \min\omega_k \tag{4.13}$$

$$\text{s.t.}\begin{cases}\sum_{k=1}^{m}\omega_k[(1-\mu_{ij})\overline{s}\left(d_{ik}\right) - \mu_{ij}\overline{s}(d_{jk})] + \dot{\delta}_{ij}^- \geqslant 0, & i=1,2,\cdots,n-1; j=i+1,\cdots,n\\ \sum_{k=1}^{m}\omega_k[\nu_{ij}\overline{s}\left(d_{ik}\right) - (1-\nu_{ij})\overline{s}(d_{jk})] - \dot{\delta}_{ij}^+ \geqslant 0, & i=1,2,\cdots,n-1; j=i+1,\cdots,n\\ \omega = (\omega_1,\omega_2,\cdots,\omega_m)^{\mathrm{T}} \in A, \quad \omega_i \geqslant 0, & k=1,2,\cdots,m,\ \sum_{k=1}^{m}\omega_k = 1\end{cases} \tag{4.14}$$

模型(M-5)：

$$\omega_k^+ = \max\omega_k \tag{4.15}$$

$$\text{s.t.}\begin{cases}\sum_{k=1}^{m}\omega_k[(1-\mu_{ij})\overline{s}\left(d_{ik}\right) - \mu_{ij}\overline{s}(d_{jk})] + \dot{\delta}_{ij}^- \geqslant 0, & i=1,2,\cdots,n-1; j=i+1,\cdots,n\\ \sum_{k=1}^{m}\omega_k[\nu_{ij}\overline{s}\left(d_{ik}\right) - (1-\nu_{ij})\overline{s}(d_{jk})] - \dot{\delta}_{ij}^+ \geqslant 0, & i=1,2,\cdots,n-1; j=i+1,\cdots,n\\ \omega = (\omega_1,\omega_2,\cdots,\omega_m)^{\mathrm{T}} \in A, \quad \omega_i \geqslant 0, & k=1,2,\cdots,m,\ \sum_{k=1}^{m}\omega_k = 1\end{cases} \tag{4.16}$$

求解模型(M-4)和模型(M-5)，可得到互补判断矩阵属性权重向量的集合：

$$\rho_5 = \left\{\omega = (\omega_1,\omega_2,\cdots,\omega_m)^{\mathrm{T}},\ \omega_k = [\omega_k^-,\omega_k^+],\ \omega_k \geqslant 0,\ k=1,2,\cdots,m,\ \sum_{k=1}^{m}\omega_k = 1\right\} \tag{4.17}$$

4.3　完整直觉模糊偏好关系权重向量优化模型

在实际的评价决策问题中，评估者如果提供了完整的评价信息，那么如何通过这些完整的评价信息得到最佳的决策结果是本章研究的重点。

4.3.1　Me 测度

Me 测度是在可能性测度和必要性测度的基础上通过引入乐观-悲观系数 λ 来综合考虑可能性测度和必要性测度[125]。

定义 4.2[126]　设 Ω 为一个非空集合，是 $\mathbb{F}(\Omega)$ 的幂集，对任意属于 $\mathbb{F}(\Omega)$ 的数，都有一个非负数 $\mathrm{Pos}\{A\}$，$\mathrm{Pos}\{A\}$称为可能性，如果满足以下条件：

(1) $\mathrm{Pos}(\varnothing)=0$，且$\mathrm{Pos}(\Omega)=1$；

(2) 对 $\mathbb{F}(\Omega)$ 中的任意集合 $\{A_i \mid i\in I\}$，有

$$\mathrm{Pos}(\textstyle\bigcup_{i\in I} A_i)=\sup \mathrm{Pos}(A_i) \tag{4.18}$$

则称三元组 $(\Omega,\mathbb{F}(\Omega),\mathrm{Pos})$ 为一个可能性空间。

定义 4.3　设 $(\Omega,\mathbb{F}(\Omega),\mathrm{Pos})$ 为一个可能性空间，A 是 $\mathbb{F}(\Omega)$ 中的集合，Nec 为定义在 $\mathbb{F}(\Omega)$ 上的一个集函数，如果满足以下条件：

$$\mathrm{Nec}(A)=1-\mathrm{Pos}(A^{\mathrm{c}}) \tag{4.19}$$

则称 Nec 为一个必要性测度。

定义 4.4[125]　设 $(\Omega,\mathbb{F}(\Omega),\mathrm{Pos})$ 为一个可能性空间，A 是 $\mathbb{F}(\Omega)$ 中的集合，Cr 为定义在 $\mathbb{F}(\Omega)$ 上的一个集函数，如果满足以下条件：

$$\mathrm{Cr}(A)=\frac{1}{2}(1+\mathrm{Pos}(A)-\mathrm{Pos}(A^{\mathrm{c}})) \tag{4.20}$$

则称 Cr 为一个可能性测度。

定义 4.5[125]　设 $(\Omega,\mathbb{F}(\Omega),\mathrm{Pos})$ 为一个可能性空间，A 是 $\mathbb{F}(\Omega)$ 中的集合，Me 为定义在 $\mathbb{F}(\Omega)$ 上的一个集函数，则 Me 测度为

$$\mathrm{Me}(A)=\mathrm{Nec}(A)+\lambda(\mathrm{Pos}(A)-\mathrm{Nec}(A)) \tag{4.21}$$

其中，$\lambda(0\leqslant\lambda\leqslant1)$ 为乐观-悲观系数。

注 4.1　若 $\lambda=1$，则 $\mathrm{Me}(A)=\mathrm{Pos}(A)$；若 $\lambda=0$，则 $\mathrm{Me}(A)=\mathrm{Nec}(A)$；若 $\lambda=0.5$，则 $\mathrm{Me}(A)=\mathrm{Cr}(A)$。

定义 4.6[125]　三角模糊变量可以表示为 $\xi=(c_1,c_2,c_3)$。$x\leqslant\xi$ 的 Me 测度如下：

$$\mathrm{Me}(x\leqslant\xi)=\begin{cases}1, & x\leqslant c_1\\ \lambda+(1-\lambda)\dfrac{c_2-x}{c_2-c_1}, & c_1<x\leqslant c_2\\ \lambda\dfrac{c_3-x}{c_3-c_2}, & c_2<x<c_3\\ 0, & x\geqslant c_3\end{cases}\tag{4.22}$$

4.3.2 完整直觉模糊偏好关系积性一致

在实际的决策问题中，当决策者有能力提供完整的评价信息时，通过这些评价信息，构建完整的直觉模糊评价矩阵，则称这个直觉模糊评价矩阵为完整直觉模糊偏好关系，下面给出定义。

定义 4.7 设 $R=(r_{ij})_{n\times n}$ 为一个直觉模糊偏好关系矩阵，其中 $r_{ij}=(\mu_{ij},v_{ij})$ $(i,j=1,2,\cdots,n)$，如果存在权重向量 $\omega=(\omega_1,\omega_2,\cdots,\omega_n)^{\mathrm{T}}$，那么使得

$$\mathrm{Me}\left\{\mu_{ij}\leqslant\frac{\omega_i}{\omega_i+\omega_j}\leqslant 1-v_{ij}\right\}\geqslant\varepsilon\tag{4.23}$$

其中，$\omega_i\geqslant0,\omega_j\geqslant0(i,j=1,2,\cdots,n)$; $\sum_{i=1}^{n}\omega_i=1$; $\varepsilon\in[0,1]$ 为一致性阈值。则称 R 为一个近似积性一致的直觉模糊偏好关系。

定义 4.8 设 $r_{ij}=\left(\mu_{ij},v_{ij}\right)$ 为一个直觉模糊偏好关系矩阵，如果经过一个转换，存在一个积性一致性的偏好关系：

$$r_{ij}=\begin{cases}[\mu_{ij}+\alpha_{ij}(1-\dot{\mu}_{ij}),\ v_{ij}+\alpha_{ij}(1-\dot{v}_{ij})], & i<j\\ [0.5,0.5], & i=j\\ [1-\mu_{ij},1-v_{ij}], & i>j\end{cases}\tag{4.24}$$

根据式(4.23)可得到

$$\mathrm{Me}\left\{\mu_{ij}+\alpha_{ij}(1-\dot{\mu}_{ij})\leqslant\frac{\omega_i}{\omega_i+\omega_j}\leqslant v_{ij}+\alpha_{ij}(1-\dot{v}_{ij})\right\}\geqslant\varepsilon,\quad i=1,2,\cdots,n-1;j=2,3,\cdots,n\tag{4.25}$$

将不等式(4.25)转换为一组单边线性模糊不等式：

$$\mathrm{Me}=\left\{\begin{array}{l}(\mu_{ij}+\alpha_{ij}(1-\dot{\mu}_{ij}))-\dfrac{\omega_i}{\omega_i+\omega_j}\leqslant0\\ \dfrac{\omega_i}{\omega_i+\omega_j}-v_{ij}+\alpha_{ij}(1-\dot{v}_{ij})\leqslant0\end{array}\right\}\geqslant\varepsilon,\quad i=1,2,\cdots,n-1;j=2,3,\cdots,n\tag{4.26}$$

$$\text{Me}=\left\{\begin{array}{l}(\mu_{ij}+\alpha_{ij}(1-\mu_{ij})-1)\omega_i+(\mu_{ij}+\alpha_{ij}(1-\mu_{ij}))\omega_j\leqslant 0\\(1-\mu_{ij}-\alpha_{ij}(1-\dot{\mu}_{ij}-\dot{v}_{ij})-\alpha_{ij}(1-\dot{v}_{ij})+\alpha_{ij}(1-\dot{\mu}_{ij}-\dot{v}_{ij}))\omega_i+(-v_{ij}\\+\alpha_{ij}(1-\dot{\mu}_{ij}+\dot{v}_{ij})-\alpha_{ij}(1-\dot{v}_{ij})+\alpha_{ij}(1-\dot{\mu}_{ij}-\dot{v}_{ij}))\omega_j\leqslant 0\end{array}\right\}\geqslant\varepsilon$$

设 $P_{\alpha_{ij}},\pi_{\alpha_{ij}}$ 为 $1\times n$ 矩阵，其中 $P_{\alpha_{ij}}$ 第 i 列元素值为 $\mu_{ij}+\alpha_{ij}(1-\dot{v}_{ij}-\dot{\mu}_{ij})-1$，第 j 列元素值为 $v_{ij}+\alpha_{ij}(1-\dot{v}_{ij}-\dot{\mu}_{ij})$，其余列元素值为 0；$\pi_{\alpha_{ij}}$ 第 i 列元素值为 $\mu_{ij}-\alpha_{ij}(1-\dot{v}_{ij})-v_{ij}+\alpha_{ij}(1-\dot{\mu}_{ij})$，第 j 列元素值为 $\mu_{ij}-\alpha_{ij}(\dot{v}_{ij}+\dot{\mu}_{ij})-v_{ij}+\alpha_{ij}(\dot{v}_{ij}-\dot{\mu}_{ij})$，其余列元素值为 0，将等式转换为

$$\text{Me}=\left\{\begin{array}{l}P_{\alpha_{ij}}\omega\leqslant 0\\-P_{\alpha_{ij}}\omega-\pi_{\alpha_{ij}}\leqslant 0\end{array}\right\}\geqslant\varepsilon \tag{4.27}$$

式(4.27)经过转换为三角模糊数表示的不等式，即

$$\text{Me}\{P_{\alpha_{ij}}\omega\leqslant\tilde{0}\leqslant P_{\alpha_{ij}}\omega+\pi_{\alpha_{ij}}\}\geqslant\varepsilon$$

其中，$\tilde{0}$ 为三角模糊数，可以表示为 $\tilde{0}=(-t,0,t)$。由于 $\text{Me}\{P_{\alpha_{ij}}\omega\leqslant\tilde{0}\leqslant P_{\alpha_{ij}}\omega+\pi_{\alpha_{ij}}\omega\}=\text{Me}\{P_{\alpha_{ij}}\omega\leqslant\tilde{0}\}\cap\text{Me}\{\tilde{0}\leqslant P_{\alpha_{ij}}\omega+\pi_{\alpha_{ij}}\omega\}$，可以分别得到 $\text{Me}\{P_{\alpha_{ij}}\omega\leqslant\tilde{0}\}$ 和 $\text{Me}\{\tilde{0}\leqslant P_{\alpha_{ij}}\omega+\pi_{\alpha_{ij}}\}$。

$$\text{Me}\{P_{\alpha_{ij}}\omega\leqslant\tilde{0}\}=\begin{cases}1, & P_{\alpha_{ij}}\omega\leqslant -t\\ \lambda+(\lambda-1)\dfrac{P_{\alpha_{ij}}\omega}{t}, & -t<P_{\alpha_{ij}}\omega\leqslant 0\\ \lambda\left(1-\dfrac{P_{\alpha_{ij}}\omega}{t}\right), & 0<P_{\alpha_{ij}}\omega\leqslant t\\ 0, & P_{\alpha_{ij}}\omega>t\end{cases} \tag{4.28}$$

$$\text{Me}\{\tilde{0}\leqslant P_{\alpha_{ij}}\omega+\pi_{\alpha_{ij}}\}=\begin{cases}0, & P_{\alpha_{ij}}\omega+\pi_{\alpha_{ij}}\leqslant -t\\ \lambda\left(1+\dfrac{P_{\alpha_{ij}}\omega+\pi_{\alpha_{ij}}}{t}\right), & -t<P_{\alpha_{ij}}\omega+\pi_{\alpha_{ij}}\leqslant 0\\ \lambda+(1-\lambda)\left(\dfrac{P_{\alpha_{ij}}\omega+\pi_{\alpha_{ij}}}{t}\right), & 0<P_{\alpha_{ij}}\omega+\pi_{\alpha_{ij}}\leqslant t\\ 1, & P_{\alpha_{ij}}\omega+\pi_{\alpha_{ij}}>t\end{cases} \tag{4.29}$$

最优权重向量应为 $\text{Me}\{Q_\alpha\omega\leqslant\tilde{0}\leqslant L_\alpha\omega\}$ 的最大值，即 $\max\limits_{\omega,\alpha_{ij}}\text{Me}\{Q_\alpha\omega\leqslant\tilde{0}\leqslant L_\alpha\omega\}$，其中，

$$L_\alpha=\left[P_{\alpha_{12}}+\pi_{\alpha_{12}},\cdots,P_{\alpha_{23}}+\pi_{\alpha_{23}},\cdots,P_{\alpha_{(n-1)n}}+\pi_{\alpha_{(n-1)n}}\right]^{\text{T}}$$

$$Q_\alpha=\left[P_{\alpha_{12}},\cdots,P_{\alpha_{23}},\cdots,P_{\alpha_{(n-1)n}}\right]^{\text{T}}$$

进而得到

$$
\begin{aligned}
&\mathrm{Me}\{Q_\alpha\omega\leqslant\tilde{0}\leqslant L_\alpha\omega\}\\
&=\mathrm{Me}\left\{\begin{array}{l}\left\{P_{\alpha_{12}}\leqslant\tilde{0}\leqslant P_{\alpha_{12}}\omega+\pi_{\alpha_{12}}\omega\right\}\cap\left\{P_{\alpha_{23}}\leqslant\tilde{0}\leqslant P_{\alpha_{23}}\omega+\pi_{\alpha_{23}}\omega\right\}\cap\\ \cdots\cap\left\{P_{\alpha_{(n-1)n}}\leqslant\tilde{0}\leqslant P_{\alpha_{(n-1)n}}\omega+\pi_{\alpha_{(n-1)n}}\omega\right\}\end{array}\right\}\\
&=\min\left\{\begin{array}{l}\mathrm{Me}\left\{P_{\alpha_{12}}\leqslant\tilde{0}\leqslant P_{\alpha_{12}}\omega+\pi_{\alpha_{12}}\omega\right\},\mathrm{Me}\left\{P_{\alpha_{23}}\leqslant\tilde{0}\leqslant P_{\alpha_{23}}\omega+\pi_{\alpha_{23}}\omega\right\},\\ \cdots,\mathrm{Me}\left\{P_{\alpha_{(n-1)n}}\leqslant\tilde{0}\leqslant P_{\alpha_{(n-1)n}}\omega+\pi_{\alpha_{(n-1)n}}\omega\right\}\end{array}\right\}
\end{aligned}
$$

因此

$$
\max_{\omega,\alpha_{ij}}\mathrm{Me}\{Q_\alpha\omega\leqslant\tilde{0}\leqslant L_\alpha\omega\}=\max_{\omega,\alpha_{ij}}\min\{\mathrm{Me}\{P_{\alpha_{ij}}\omega\leqslant\tilde{0}\leqslant P_{\alpha_{ij}}\omega+\pi_{\alpha_{ij}}\}\tag{4.30}
$$

模型 $\max\limits_{\omega,\alpha_{ij}}\mathrm{Me}\{Q_\alpha\omega\leqslant\tilde{0}\leqslant L_\alpha\omega\}$ 可以记为 τ^*，τ^* 取决于指标与理想解之间的距离。当 α_{ij} 取最大值时，指标接近正理想解(最优方案)，评价者处于乐观的状态，用式(4.31)计算 $\tau^*_{\alpha_{\max}}\left(\max\limits_{\omega,\alpha_{ij}}\alpha_{ij}+\tau\right)$：

$$
\begin{aligned}
&\max_{\omega,\alpha_{ij}}\alpha_{ij}+\tau\\
&\text{s.t.}\begin{cases}\mathrm{Me}\{P_{\alpha_{ij}}\omega\leqslant\tilde{0}\leqslant P_{\alpha_{ij}}\omega+\pi_{\alpha_{ij}}\}\geqslant\tau\\ 0\leqslant\omega_i\leqslant1,\ i=1,2,\cdots,n\\ \sum\limits_{i=1}^{n}\omega_i=1\\ 0\leqslant\alpha_{ij}\leqslant1,\ i=1,2,\cdots,n-1;j=2,\cdots,n\end{cases}
\end{aligned}\tag{4.31}
$$

当 α_{ij} 取最小值时，指标接近负理想解(最差方案)，评价者处于悲观的状态，用式(4.32)计算 $\tau^*_{\alpha_{\min}}\left(\max\limits_{\omega,\alpha_{ij}}(-\alpha_{ij})+\tau\right)$。

$$
\begin{aligned}
&\max_{\omega,\alpha_{ij}}(-\alpha_{ij})+\tau\\
&\text{s.t.}\begin{cases}\mathrm{Me}\left\{P_{\alpha_{ij}}\omega\leqslant\tilde{0}\leqslant P_{\alpha_{ij}}\omega+\pi_{\alpha_{ij}}\right\}\geqslant\tau\\ 0\leqslant\omega_i\leqslant1,\quad i=1,2,\cdots,n\\ \sum\limits_{i=1}^{n}\omega_i=1\\ 0\leqslant\alpha_{ij}\leqslant1,\ i=1,2,\cdots,n-1;j=2,\cdots,n\end{cases}
\end{aligned}\tag{4.32}
$$

4.3.3 完整直觉模糊偏好关系权重向量优化模型求解

对于4.3.2节中的完整直觉模糊偏好关系(intuitive fuzzy preference relation，IFPR)权重向量优化模型，将使用参数分解方法来求解，下面将考虑两种情况。

情况1：如果$0<\tau\leqslant\lambda$，需要考虑下列的一系列问题。

当α_{ij}取最大值，即工程评价为正理想解时，评估者处于较乐观的状态，因此完整的IFPR权重向量优化模型可以转化为一般的规划模型，如模型(4.33)所示。

$$\max_{\omega,\alpha_{ij},\tau}\alpha_{ij}+\tau$$

$$\text{s.t.}\begin{cases}\left(\dfrac{\tau}{\lambda}-1\right)t-\pi_{\alpha_{ij}}\omega\leqslant P_{\alpha_{ij}}\omega\leqslant\left(1-\dfrac{\tau}{\lambda}\right)t\\0\leqslant\omega_i\leqslant1,\quad i=1,2,\cdots,n\\\sum\limits_{i=1}^{n}\omega_i=1\\0\leqslant\alpha_{ij}\leqslant1,\quad i=1,2,\cdots,n-1;j=2,\cdots,n\\0<\tau\leqslant\lambda\end{cases}\tag{4.33}$$

同样，当α_{ij}取最小值时，即工程评价处于负理想解的情况时，决策者处于悲观状态，完整的IFPR权重向量优化模型同样转化为一般规划模型，如模型(4.34)所示。

$$\max_{\omega,\alpha_{ij},\tau}-\alpha_{ij}+\tau$$

$$\text{s.t.}\begin{cases}\left(\dfrac{\tau}{\lambda}-1\right)t-\pi_{\alpha_{ij}}\omega\leqslant P_{\alpha_{ij}}\omega\leqslant\left(1-\dfrac{\tau}{\lambda}\right)t\\0\leqslant\omega_i\leqslant1,\ i=1,2,\cdots,n\\\sum\limits_{i=1}^{n}\omega_i=1\\0\leqslant\alpha_{ij}\leqslant1,\ i=1,2,\cdots,n-1;j=2,\cdots,n\\0<\tau\leqslant\lambda\end{cases}\tag{4.34}$$

情况2：如果$\lambda<\tau\leqslant1$，则需要考虑下列两个问题。

当α_{ij}取最大值时，评价者处于乐观状态，则完整的IFPR权重向量优化模型转化为如模型(4.35)所示的一般规划模型。

$$\max_{\omega,\alpha_{ij},\tau}\alpha_{ij}+\tau$$

$$\text{s.t.}\begin{cases}\left(\dfrac{\tau-\lambda}{1-\lambda}\right)t-\pi_{\alpha_{ij}}\omega\leqslant P_{\alpha_{ij}}\omega\leqslant\left(\dfrac{\tau-\lambda}{1-\lambda}\right)t\\0\leqslant\omega_i\leqslant1,\ i=1,2,\cdots,n\\\sum\limits_{i=1}^{n}\omega_i=1\\0\leqslant\alpha_{ij}\leqslant1,\ i=1,2,\cdots,n-1;j=2,\cdots,n\\\lambda<\tau\leqslant1\end{cases}\tag{4.35}$$

类似地，当α_{ij}取最小值时，评价者处于悲观状态，完整的IFPR权重向量优化模型可以转化为一般规划模型，如模型(4.36)所示。

$$\max_{\omega,\alpha_{ij},\tau} -\alpha_{ij}+\tau$$
$$\text{s.t.}\begin{cases}\left(\dfrac{\tau-\lambda}{1-\lambda}\right)t-\pi_{\alpha_{ij}}\omega\leqslant P_{\alpha_{ij}}\omega\leqslant\left(\dfrac{\tau-\lambda}{1-\lambda}\right)t\\ 0\leqslant\omega_i\leqslant 1,\ i=1,2,\cdots,n\\ \sum_{i=1}^{n}\omega_i=1\\ 0\leqslant\alpha_{ij}\leqslant 1,\ i=1,2,\cdots,n-1;j=2,\cdots,n\\ \lambda<\tau\leqslant 1\end{cases}\tag{4.36}$$

完整的IFPR权重向量优化模型求解可分为以下三个步骤。

步骤1：通过添加约束条件$0<\tau\leqslant\lambda$，完成模型(4.33)和模型(4.34)的求解过程。若子问题模型(4.33)和模型(4.34)是可行的，则通过该模型得到最优值。然后进入步骤3；若子问题模型(4.33)和模型(4.34)是不可行的，则需要更改变量τ的取值范围，然后转入步骤2。

步骤2：通过添加约束条件$\lambda<\tau\leqslant 1$，求解模型(4.35)和模型(4.36)。若子问题模型(4.35)和模型(4.36)是可行的，则得到最优解，进入步骤3。

步骤3：得到了最优值$\tau^*_{\alpha_{\min}}$和$\tau^*_{\alpha_{\max}}$后，引入正理想值-负理想值θ，通过式(4.37)和式(4.38)，计算得到τ^*和ω^*的加权值：

$$\tau^*=(1-\theta)\tau^*_{\alpha_{\min}}+\theta\tau^*_{\alpha_{\max}}\tag{4.37}$$

$$\omega^*=(1-\theta)\omega^*_{\alpha_{\min}}+\theta\omega^*_{\alpha_{\max}}\tag{4.38}$$

当λ在Me测度中取不同的值时，会获得不等式$\{P_{\alpha_{ij}}\omega\leqslant\tilde{0}\leqslant P_{\alpha_{ij}}\omega+\pi_{\alpha_{ij}}\}$不同的测度结果。如果$\lambda=1$，则$\text{Me}\{P_{\alpha_{ij}}\omega\leqslant\tilde{0}\leqslant P_{\alpha_{ij}}\omega+\pi_{\alpha_{ij}}\}=\text{Pos}\{P_{\alpha_{ij}}\omega\leqslant\tilde{0}\leqslant P_{\alpha_{ij}}\omega+\pi_{\alpha_{ij}}\}$，$\text{Pos}\{P_{\alpha_{ij}}\omega\leqslant\tilde{0}\leqslant P_{\alpha_{ij}}\omega+\pi_{\alpha_{ij}}\}$可转化为以下不等式：

$$\text{Pos}\{P_{\alpha_{ij}}\omega\leqslant\tilde{0}\leqslant P_{\alpha_{ij}}\omega+\pi_{\alpha_{ij}}\}=\begin{cases}0, & P_{\alpha_{ij}}\omega\leqslant -t-\pi_{\alpha_{ij}}\omega\\ 1+\dfrac{P_{\alpha_{ij}}\omega+\pi_{\alpha_{ij}}}{t}, & -t-\pi_{\alpha_{ij}}\omega<P_{\alpha_{ij}}\omega\leqslant -\pi_{\alpha_{ij}}\omega\\ 1, & -\pi_{\alpha_{ij}}\omega<P_{\alpha_{ij}}\omega\leqslant 0\\ 1-\dfrac{P_{\alpha_{ij}}\omega}{t}, & 0<P_{\alpha_{ij}}\omega\leqslant t\\ 0, & P_{\alpha_{ij}}\omega>t\end{cases}\tag{4.39}$$

如果$\lambda=\dfrac{1}{2}$，那么$\text{Me}\left\{P_{\alpha_{ij}}\omega\leqslant\tilde{0}\leqslant P_{\alpha_{ij}}\omega+\pi_{\alpha_{ij}}\omega\right\}=\text{Cr}\left\{P_{\alpha_{ij}}\omega\leqslant\tilde{0}\leqslant P_{\alpha_{ij}}\omega+\pi_{\alpha_{ij}}\omega\right\}$，择

优 $\mathrm{Cr}\left\{P_{\alpha_{ij}}\omega\leqslant\tilde{0}\leqslant P_{\alpha_{ij}}\omega+\pi_{\alpha_{ij}}\omega\right\}$ 可以变换为

$$\mathrm{Cr}\left\{P_{\alpha_{ij}}\omega\leqslant\tilde{0}\leqslant P_{\alpha_{ij}}\omega+\pi_{\alpha_{ij}}\omega\right\}=\begin{cases}0, & P_{\alpha_{ij}}\omega\leqslant -t-\pi_{\alpha_{ij}}\omega\\ \dfrac{1}{2}\left(1+\dfrac{P_{\alpha_{ij}}\omega+\pi_{\alpha_{ij}}\omega}{t}\right), & -t-\pi_{\alpha_{ij}}\omega<P_{\alpha_{ij}}\omega\leqslant-\dfrac{\pi_{\alpha_{ij}}\omega}{2}\\ \dfrac{1}{2}\left(1-\dfrac{P_{\alpha_{ij}}\omega}{t}\right), & -\dfrac{\pi_{\alpha_{ij}}\omega}{2}<P_{\alpha_{ij}}\omega\leqslant t\\ 0, & P_{\alpha_{ij}}\omega>t\end{cases}\tag{4.40}$$

如果 $\lambda=0$，那么 $\mathrm{Me}\left\{P_{\alpha_{ij}}\omega\leqslant\tilde{0}\leqslant P_{\alpha_{ij}}\omega+\pi_{\alpha_{ij}}\omega\right\}=\mathrm{Nec}\left\{P_{\alpha_{ij}}\omega\leqslant\tilde{0}\leqslant P_{\alpha_{ij}}\omega+\pi_{\alpha_{ij}}\omega\right\}$，则不等式 $\mathrm{Nec}\left\{P_{\alpha_{ij}}\omega\leqslant\tilde{0}\leqslant P_{\alpha_{ij}}\omega+\pi_{\alpha_{ij}}\omega\right\}$ 可变换为

$$\mathrm{Nec}\left\{P_{\alpha_{ij}}\omega\leqslant\tilde{0}\leqslant P_{\alpha_{ij}}\omega+\pi_{\alpha_{ij}}\omega\right\}=\begin{cases}0, & P_{\alpha_{ij}}\omega\leqslant -\pi_{\alpha_{ij}}\omega\\ \dfrac{P_{\alpha_{ij}}\omega+\pi_{\alpha_{ij}}\omega}{t}, & -\pi_{\alpha_{ij}}\omega\leqslant P_{\alpha_{ij}}\omega\leqslant-\dfrac{\pi_{\alpha_{ij}}\omega}{2}\\ -\dfrac{P_{\alpha_{ij}}\omega}{t}, & -\dfrac{\pi_{\alpha_{ij}}\omega}{2}\leqslant P_{\alpha_{ij}}\omega\leqslant t\\ 0, & P_{\alpha_{ij}}\omega>t\end{cases}\tag{4.41}$$

4.3.4　完整直觉模糊网络分析法因素层超矩阵计算

水电站系统-社会经济-生态环境系统是一个综合的、复杂的系统。第一准则层中生态环境由 TDG 过饱和、雾化、冲刷进行综合评价；河床演变过程则受到雾化、振动以及冲刷的制约；生活舒适度则评价了人类对雾化降雨、建筑物振动现象的反应；工程运行安全特性主要体现了雾化、振动、冲刷对水工枢纽建筑物及泄洪建筑物结构安全的影响。第二准则层主要包括四大特殊的力学现象，分别受到水力学因素、气象因素、地形地貌因素、运行条件及其他条件的影响。泄洪消能环境评价指标体系不仅包含众多的影响因素，而且包含这些因素之间相互联系、相互制约的复杂关系，因而建立综合评价的指标体系时，并不能由单一的、相互独立的层次结构简单地表示。ANP 是一种多准则分析技术，允许量化主观判断和评估系统元素之间的相互依赖性。ANP 的结构特点如图 4.2 所示。很多学者运用 ANP 处理评价指标间的相依关系并获得权重。该方法已广泛应用于环境管理的评价体系、多准则决策过程经济指标选取和风险评估等领域。因此，采用 ANP 构建 TDG 过饱和程度的评价体系，各因素之间关系采用网络结构的形式表示，这种评价体系与现实更相符，也更能反映出各因素之间的逻辑关系和因果联系。

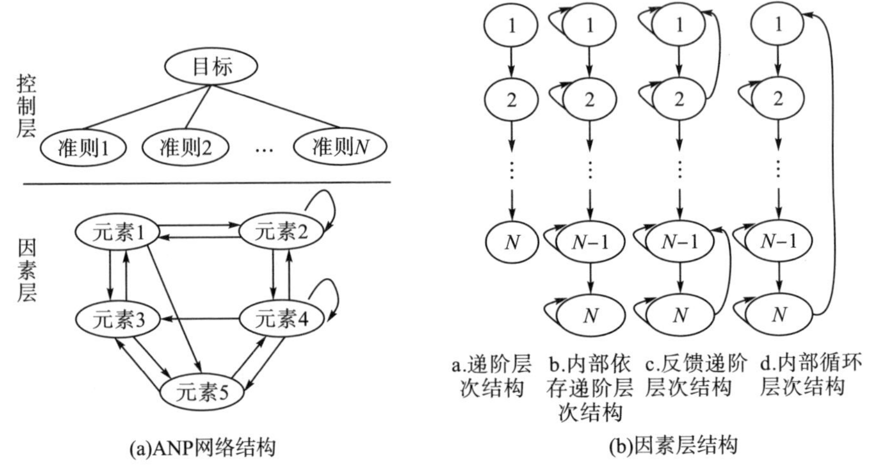

(a)ANP网络结构　　(b)因素层结构

图 4.2　ANP 因素层次结构

(1)因素层构建。因素层由多个元素簇、元素簇关系和元素簇中的子因素组成。①元素簇：因素层中包含多个元素簇，使用$C=\{C_1,C_2,\cdots,C_N\}(N=1,2,\cdots,n)$来表示因素层中的元素簇。②元素：每一个元素簇均由不同的元素构成，主要是指标体系里的各影响指标，使用$e_{in_i}(i=1,2,\cdots,n)$来表示第 i 个元素簇内的第 n_i 个元素。③元素簇关系：元素簇内部的关系大致可以分为影响关系、被影响关系以及内部依赖关系等三种。不同元素簇之间相互影响，同一元素簇中的元素形成内部依赖。

(2)元素的成对比较和相对权重向量的确定。对于不同元素簇中的影响要素，可以利用间接优势度来构建元素的成对偏好关系。在元素簇$C_j(j=1,2,\cdots,N)$中，使用元素$e_{jl}(l=1,2,\cdots,n_j)$作为准则，那么可以根据对元素的影响程度来比较元素簇$C_j(j=1,2,\cdots,N)$中的元素$e_{li}(l=1,2,\cdots,n_i)$，从而获得 IFPR 的权重向量，在确立了所有的 IFPR 后，需要对所有的 IFPR 进行一致性检验。所有的 IFPR 均通过一致性检验后，则可以进一步求得元素间的 IFPR 权重向量，并将所得的权重向量整合到权重向量矩阵 W_{ij} 中：

$$W_{ij}=\begin{bmatrix}\omega_{i1}^{j1} & \cdots & \omega_{i1}^{jn_j}\\ \vdots & & \vdots\\ \omega_{in_i}^{j1} & \cdots & \omega_{in_i}^{jn_j}\end{bmatrix}$$

(3)构建完整直觉模糊未加权超矩阵在得到所有权重向量矩阵后，将其合成以获得完整的直觉模糊未加权超矩阵ω：

$$
\omega = \begin{array}{c} \\ C_1 \\ C_2 \\ \vdots \\ C_m \end{array}
\begin{array}{c} \begin{array}{cccc} C_1 & C_2 & \cdots & C_m \end{array} \\
\begin{bmatrix} \omega_{11} & \omega_{12} & \cdots & \omega_{1m} \\ \omega_{21} & \omega_{22} & \cdots & \omega_{2m} \\ \vdots & \vdots & & \vdots \\ \omega_{m1} & \omega_{m2} & \cdots & \omega_{mm} \end{bmatrix} \end{array}
$$

(4) 计算完整区间直觉模糊加权超矩阵。为了规范超矩阵列向量，需要构造完整直觉模糊加权超矩阵。在构造元素簇之间的判断矩阵后，整合得到直觉模糊归一化的权重。

将完整直觉模糊权重向量整合成权重向量矩阵 W_{weighted}，并归一化处理，得到

$$
W_{\text{weighted}} = \begin{array}{c} \\ C_1 \\ C_2 \\ \vdots \\ C_m \end{array}
\begin{array}{c} \begin{array}{cccc} C_1 & C_2 & \cdots & C_m \end{array} \\
\begin{bmatrix} \omega_{11}\times W_{11} & \omega_{12}\times W_{12} & \cdots & \omega_{1m}\times W_{1m} \\ \omega_{21}\times W_{21} & \omega_{22}\times W_{22} & \cdots & \omega_{2m}\times W_{2m} \\ \vdots & \vdots & & \vdots \\ \omega_{m1}\times W_{m1} & \omega_{m2}\times W_{m2} & \cdots & \omega_{mm}\times W_{mm} \end{bmatrix} \end{array}
$$

(5) 计算完整极限超矩阵，确定权重向量。通过对直觉模糊加权超矩阵求极限，使每列向量均为极限向量，从而求得最终的权重向量。

因此，最终得到完整直觉模糊网络分析法的计算流程(图 4.3)。

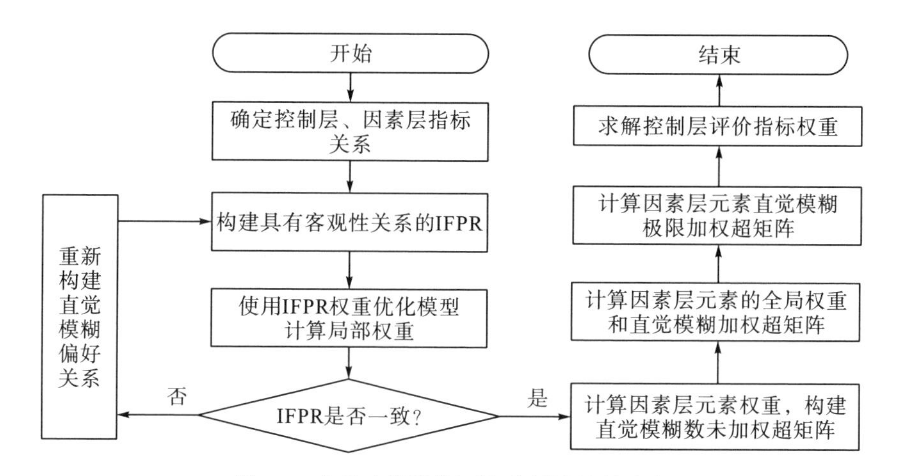

图 4.3　完整直觉模糊网络分析法计算流程

4.4　不完整直觉模糊偏好关系权重向量优化模型

在实际的决策问题中，当决策者没有能力提供完整的评价信息时，或者决策评价信息出现相互矛盾的情况时，评价信息为不完整的情况。决策者可以根据已

有的信息构建直觉模糊评价矩阵，则称这个直觉模糊评价矩阵为不完整直觉模糊偏好关系。

定义 4.9 设 $\tilde{R}^*=\left(\tilde{r}_{ij}^*\right)_{n\times n}$ 为一个 IFPR，其中 $\tilde{r}_{ij}^*=\left(\tilde{\mu}_{ij}^*,\tilde{v}_{ij}^*\right)$ $(i,j=1,2,\cdots,n)$，如果决策者不能提供偏好关系中全部的元素，其中未知的元素使用 φ 来表示，其他的元素可以被决策者提供，且满足式(4.42)中的条件，那么 $\tilde{R}^*$ 称为不完整直觉模糊矩阵。

$$\tilde{\mu}_{ij}^*=\left[\left(\mu_{ij}^*\right)^-,\left(\mu_{ij}^*\right)^+\right]\subset[0,1],\quad \tilde{v}_{ij}^*=\left[\left(v_{ij}^*\right)^-,\left(v_{ij}^*\right)^+\right]\subset[0,1],$$
$$\tilde{\mu}_{ji}^*=\tilde{v}_{ij}^*,\quad \tilde{v}_{ji}^*=\tilde{\mu}_{ij}^*,\quad \tilde{\mu}_{ii}^*=\tilde{v}_{ii}^*=[0.5,0.5],\quad \tilde{\mu}_{ij}^*+\tilde{v}_{ij}^*\leqslant 1 \tag{4.42}$$

例如，设 $\tilde{R}^*$ 为一个不完整直觉模糊矩阵，如下所示。

$$\tilde{R}^*=\begin{Bmatrix}[0.50,0.50] & \varphi & [0.69,0.69]\\ \varphi & [0.50,0.50] & [0.65,0.65]\\ [0.31,0.31] & [0.35,0.35] & [0.50,0.50]\end{Bmatrix}$$

可以发现，$\tilde{R}^*$ 的内部出现残缺元素，由于决策者不能提供第一个元素和第二个元素完整的比较信息，故评价矩阵第一行第二列和第二行第一列的元素采用 φ 来代替。矩阵中其他元素的比较信息均已给出。

4.4.1 不完整直觉模糊偏好关系积性一致

定义 4.10 设 $\tilde{R}^*=\left(\tilde{r}_{ij}^*\right)_{n\times n}$ 为一个 IFPR 矩阵，其中 $\tilde{r}_{ij}^*=\left(\tilde{\mu}_{ij}^*,\tilde{v}_{ij}^*\right)\in\Theta$，$\Theta$ 为 $\tilde{R}^*$ 中所有已知元素的集合。如果通过式(4.43)转换，存在一个从 $\tilde{R}^*$ 中提取到的积性一致的不完整直觉模糊偏好关系，称为积性一致性的不完整直觉模糊偏好关系。

$$r_{ij}^*=\begin{cases}\left[\left(\mu_{ij}^*\right)^-+a_{ij}\left(1-\left(v_{ij}^*\right)^+-\left(\mu_{ij}^*\right)^-\right),\left(\mu_{ij}^*\right)^++a_{ij}\left(1-\left(v_{ij}^*\right)^--\left(\mu_{ij}^*\right)^+\right)\right], & i<j\\ [0.5,0.5], & i=j\\ \left[1-\left(r_{ij}^*\right)^+,1-\left(r_{ij}^*\right)^-\right], & i>j\end{cases} \tag{4.43}$$

在不等式(4.21)积性一致不完整 IFPR 的基础上给出了近似积性一致不完整 IFPR 矩阵的定义。

定义 4.11 设 $\tilde{R}^*=\left(\tilde{r}_{ij}^*\right)_{n\times n}$ 为一个 IFPR 矩阵，其中 $\tilde{r}_{ij}^*=\left(\tilde{\mu}_{ij}^*,\tilde{v}_{ij}^*\right)\in\Theta$，$\Theta$ 为 $\tilde{R}^*$ 中所有已知元素的集合。且设所有已知元素 i、j 的取值集合为 $\Omega=\left\{i,j\middle|r_{ij}^*=\left[\mu_{ij}^*,1-v_{ij}^*\right]\in\Theta\right\}$，若存在向量 $\omega^*=(\omega_1^*,\omega_2^*,\cdots,\omega_n^*)^{\mathrm{T}}$，使得

$$\mathrm{Me}\left\{\mu_{ij}^*\tilde{\leqslant}\frac{\omega_i^*}{\omega_i^*+\omega_j^*}\tilde{\leqslant}1-v_{ij}^*\right\}\geqslant\varepsilon^*,\quad (i,j)\in\Omega;i=1,2,\cdots,n;j=2,3,\cdots,n \tag{4.44}$$

4.4.2 不完整直觉模糊偏好关系权重向量优化模型介绍

与完整直觉模糊偏好关系权重向量优化模型较为类似，为便于分析计算，在这里只讨论上三角矩阵的情况，设 $\tilde{R}^*=\left(\tilde{r}_{ij}^*\right)_{n\times n}$ 为不完整 IFPR 矩阵，$\varTheta$ 为 $\tilde{R}^*$ 中所有已知元素的集合。且设所有已知元素 i、j 的取值集合为 $\varOmega=\left\{i,j\middle|r_{ij}^*=\left[\mu_{ij}^*,1-\nu_{ij}^*\right]\in\varTheta\right\}$，若存在向量 $\omega^*=(\omega_1^*,\omega_2^*,\cdots,\omega_n^*)^{\mathrm{T}}$，使得

$$\mathrm{Me}\left\{\mu_{ij}^*\tilde{\leqslant}\frac{\omega_i^*}{\omega_i^*+\omega_j^*}\tilde{\leqslant}1-\nu_{ij}^*\right\}\geqslant\varepsilon^*,\quad (i,j)\in\varOmega;i=1,2,\cdots,n;j=2,3,\cdots,n$$

根据 μ_{ij}^*、ν_{ij}^* 和 π_{ij}^* 之间存在的线性关系，即 $\mu_{ij}^*+\nu_{ij}^*+\pi_{ij}^*=1$，可以得到如下不等式：

$$\mathrm{Me}\left\{\mu_{ij}^*\tilde{\leqslant}\frac{\omega_i^*}{\omega_i^*+\omega_j^*}\tilde{\leqslant}\mu_{ij}^*+\pi_{ij}^*\right\}\geqslant\varepsilon^*,\quad (i,j)\in\varOmega;i=1,2,\cdots,n;j=2,3,\cdots,n \tag{4.45}$$

由于不等式(4.45)中

$$\mu_{ij}^*=\left(\mu_{ij}^*\right)^-+\alpha_{ij}\left(1-\left(\nu_{ij}^*\right)^+-\left(\mu_{ij}^*\right)^-\right) \tag{4.46}$$

$$\nu_{ij}^*=1-\left[\left(\mu_{ij}^*\right)^++\alpha_{ij}\left(1-\left(\nu_{ij}^*\right)^--\left(\mu_{ij}^*\right)^+\right)\right] \tag{4.47}$$

可得到

$$\pi_{ij}^*=1-\mu_{ij}^*-\nu_{ij}^*=\left(\mu_{ij}^*\right)^++\alpha_{ij}\left(1-\left(\nu_{ij}^*\right)^--\left(\mu_{ij}^*\right)^+\right)-\left(\mu_{ij}^*\right)^-+\alpha_{ij}\left(1-\left(\nu_{ij}^*\right)^+-\left(\mu_{ij}^*\right)^-\right) \tag{4.48}$$

则将不等式(4.45)改写为

$$\mathrm{Me}\left\{\left(\mu_{ij}^*\right)^-+\alpha_{ij}\left(1-\left(\nu_{ij}^*\right)^+-\left(\mu_{ij}^*\right)^-\right)\tilde{\leqslant}\frac{\omega_i^*}{\omega_i^*+\omega_j^*}\tilde{\leqslant}\left(\mu_{ij}^*\right)^++\alpha_{ij}\left(1-\left(\nu_{ij}^*\right)^--\left(\mu_{ij}^*\right)^+\right)\right\}\geqslant\varepsilon^*,$$
$$(i,j)\in\varOmega;i=1,2,\cdots,n;j=2,3,\cdots,n \tag{4.49}$$

特别地，将不等式(4.49)转换为一组单边线性模糊不等式(4.50)，以简化权重向量求解问题：

$$\mathrm{Me}=\left\{\begin{array}{l}\left[\left(\mu_{ij}^*\right)^-+\alpha_{ij}\left(1-\left(\nu_{ij}^*\right)^+-\left(\mu_{ij}^*\right)^-\right)\right]-\dfrac{\omega_i^*}{\omega_i^*+\omega_j^*}\tilde{\leqslant}0,\\ \dfrac{\omega_i^*}{\omega_i^*+\omega_j^*}-\left(\mu_{ij}^*\right)^++\alpha_{ij}\left[1-\left(\nu_{ij}^*\right)^--\left(\mu_{ij}^*\right)^+\right]\tilde{\leqslant}0\end{array}\right\}\geqslant\varepsilon^*,$$
$$(i,j)\in\varOmega;i=1,2,\cdots,n;j=2,3,\cdots,n \tag{4.50}$$

继续转化

$$\mathrm{Me}=\left\{\begin{array}{l}\left[\left[\left(\mu_{ij}^{*}\right)^{-}+\alpha_{ij}\left(1-\left(\nu_{ij}^{*}\right)^{+}-\left(\mu_{ij}^{*}\right)^{-}\right)-1\right]\omega_{i}^{*}+\left[\left(\mu_{ij}^{*}\right)+\alpha_{ij}\left(1-\left(\nu_{ij}^{*}\right)^{+}-\left(\mu_{ij}^{*}\right)^{-}\right)\right]\omega_{j}^{*}\tilde{\leqslant}0,\\ \left[1-\left(\mu_{ij}^{*}\right)^{+}+\alpha_{ij}\left(1-\left(\nu_{ij}^{*}\right)^{-}\left(\mu_{ij}^{*}\right)^{+}\right)\right]\omega_{i}^{*}+\left[-\left(\mu_{ij}^{*}\right)^{+}+\alpha_{ij}\left(1-\left(\nu_{ij}^{*}\right)^{-}-\left(\mu_{ij}^{*}\right)^{+}\right)\right]\omega_{j}^{*}\tilde{\leqslant}0\end{array}\right\}\geqslant\varepsilon^{*},$$

$$(i,j)\in\Omega;\quad i=1,2,\cdots,n;\quad j=2,3,\cdots,n$$

得到

$$\mathrm{Me}=\left\{\begin{array}{l}\left\{\left(\mu_{ij}^{*}\right)^{-}+\alpha_{ij}\left[1-\left(\nu_{ij}^{*}\right)^{+}-\left(\mu_{ij}^{*}\right)^{-}\right]-1\right\}\omega_{i}^{*}+\left\{\left(\mu_{ij}^{*}\right)^{-}+\alpha_{ij}\left[1-\left(\nu_{ij}^{*}\right)^{+}-\left(\mu_{ij}^{*}\right)^{-}\right]\right\}\omega_{j}^{*}\tilde{\leqslant}0,\\ \left(1-\left(\mu_{ij}^{*}\right)^{+}+\alpha_{ij}\left\{1-\left(\nu_{ij}^{*}\right)^{+}-\left(\mu_{ij}^{*}\right)^{-}-\alpha_{ij}\left[1-\left(\nu_{ij}^{*}\right)^{-}-\left(\mu_{ij}^{*}\right)^{+}\right]+\alpha_{ij}\left[1-\left(\nu_{ij}^{*}\right)^{+}-\left(\mu_{ij}^{*}\right)^{-}\right]\right\}\right)\omega_{i}^{*}\\ +\left\{-\left(\mu_{ij}^{*}\right)^{-}-\alpha_{ij}\left[1-\left(\nu_{ij}^{*}\right)^{+}-\left(\mu_{ij}^{*}\right)^{-}\right]-\left(\mu_{ij}^{*}\right)^{+}-\alpha_{ij}\left[1-\left(\nu_{ij}^{*}\right)^{-}-\left(\mu_{ij}^{*}\right)^{+}\right]\right.\\ \left.+\left(\mu_{ij}^{*}\right)^{-}+\alpha_{ij}\left[1-\left(\nu_{ij}^{*}\right)^{+}+\left(\mu_{ij}^{*}\right)^{-}\right]\right\}\omega_{j}^{*}\tilde{\leqslant}0\end{array}\right\}\geqslant\varepsilon^{*},$$

$$(i,j)\in\Omega;\quad i=1,2,\cdots,n;\quad j=2,3,\cdots,n$$

进而，可以得到不等式：

$$\mathrm{Me}=\left\{\begin{array}{l}\left\{\left(\mu_{ij}^{*}\right)^{-}+\alpha_{ij}\left[1-\left(\nu_{ij}^{*}\right)^{+}-\left(\mu_{ij}^{*}\right)^{-}\right]-1\right\}\omega_{i}^{*}+\left\{\left(\mu_{ij}^{*}\right)^{-}+\alpha_{ij}\left[1-\left(\nu_{ij}^{*}\right)^{+}-\left(\mu_{ij}^{*}\right)^{-}\right]\right\}\omega_{j}^{*}\tilde{\leqslant}0,\\ -\left\{-\left(\mu_{ij}^{*}\right)^{+}+\alpha_{ij}\left[1-\left(\nu_{ij}^{*}\right)^{+}-\left(\mu_{ij}^{*}\right)^{-}\right]-1\right\}\omega_{i}^{*}-\left\{\left(\mu_{ij}^{*}\right)^{+}-\alpha_{ij}\left[\left(\nu_{ij}^{*}\right)^{-}+\left(\mu_{ij}^{*}\right)^{+}\right]-\left(\mu_{ij}^{*}\right)^{-}\right.\\ \left.-\alpha_{ij}\left[\left(\nu_{ij}^{*}\right)^{+}+\left(\mu_{ij}^{*}\right)^{-}\right]\right\}-\left(\omega_{i}^{*}+\omega_{j}^{*}\right)\tilde{\leqslant}0\end{array}\right\}\geqslant\varepsilon^{*},$$

$$\left(i,j\right)\in\Omega;i=1,2,\cdots,n;j=2,3,\cdots,n \tag{4.51}$$

设 $P_{\alpha_{ij}}^{*}$ 和 $\pi_{\alpha_{ij}}^{*}$ 为 $1\times n$ 矩阵，其中 $P_{\alpha_{ij}}^{*}$ 的第 i 列元素值为 $\left(\mu_{ij}^{*}\right)^{-}+\alpha_{ij}\left[1-\left(\nu_{ij}^{*}\right)^{+}-\left(\mu_{ij}^{*}\right)^{-}\right]-1$，第 j 列元素值为 $\left(\mu_{ij}^{*}\right)^{-}+\alpha_{ij}\left[1-\left(\nu_{ij}^{*}\right)^{+}-\left(\mu_{ij}^{*}\right)^{-}\right]$，$\pi_{\alpha_{ij}}^{*}$ 的第 i 列元素值为 $\left(\mu_{ij}^{*}\right)^{+}-\alpha_{ij}\left[\left(\nu_{ij}^{*}\right)^{-}+\left(\mu_{ij}^{*}\right)^{+}\right]-\left(\mu_{ij}^{*}\right)^{-}-\alpha_{ij}\left[\left(\nu_{ij}^{*}\right)^{+}+\left(\mu_{ij}^{*}\right)^{-}\right]$，$\pi_{\alpha_{ij}}^{*}$ 的第 j 列元素值为 $\left(\mu_{ij}^{*}\right)^{+}-\alpha_{ij}\left[\left(\nu_{ij}^{*}\right)^{-}+\left(\mu_{ij}^{*}\right)^{+}\right]-\left(\mu_{ij}^{*}\right)^{-}-\alpha_{ij}\left[\left(\nu_{ij}^{*}\right)^{+}+\left(\mu_{ij}^{*}\right)^{-}\right]$，$P_{\alpha_{ij}}^{*}$ 和 $\pi_{\alpha_{ij}}^{*}$ 其余列元素值为 0，可以将不等式(4.51)重写为

$$\mathrm{Me}=\left\{\begin{array}{l}P_{\alpha_{ij}}^{*}\omega^{*}\tilde{\leqslant}0\\ -P_{\alpha_{ij}}^{*}\omega^{*}-\pi_{\alpha_{ij}}^{*}\omega\tilde{\leqslant}0\end{array}\right\}\geqslant\varepsilon^{*},\qquad\left(i,j\right)\in\Omega;i=1,2,\cdots,n;j=2,3,\cdots,n \tag{4.52}$$

可以将不等式(4.52)转换为不等式(4.53)：

$$\mathrm{Me}=\left\{\begin{array}{l}P_{\alpha_{ij}}^{*}\omega^{*}\tilde{\leqslant}0\\ -P_{\alpha_{ij}}^{*}\omega^{*}-\pi_{\alpha_{ij}}^{*}\omega\tilde{\leqslant}0\end{array}\right\}\geqslant\varepsilon^{*}\Leftrightarrow\mathrm{Me}=\left\{\begin{array}{l}P_{\alpha_{ij}}^{*}\omega^{*}\leqslant\tilde{0}\\ -P_{\alpha_{ij}}^{*}\omega^{*}-\pi_{\alpha_{ij}}^{*}\omega\leqslant\tilde{0}\end{array}\right\}\geqslant\varepsilon^{*}$$

$$\Leftrightarrow \mathrm{Me}\left\{P_{\alpha_{ij}}^{*}\omega^{*} \leqslant \tilde{0} \leqslant P_{\alpha_{ij}}^{*}\omega^{*}+\pi_{\alpha_{ij}}^{*}\omega\right\} \geqslant \varepsilon^{*},$$
$$(i, j) \in \Omega; i=1,2,\cdots,n; j=2,3,\cdots,n \tag{4.53}$$
$$\tilde{0}=(-t, 0, t)$$

得到 $\mathrm{Me}\left\{\tilde{0} \leqslant P_{\alpha_{ij}}^{*}\omega^{*}+\pi_{\alpha_{ij}}^{*}\omega^{*}\right\}$。

$$\mathrm{Me}\{P_{\alpha_{ij}}^{*}\omega^{*} \leqslant \tilde{0}\}=\begin{cases}1, & P_{\alpha_{ij}}^{*}\omega^{*} \leqslant -t \\ \lambda+(\lambda-1)\dfrac{P_{\alpha_{ij}}^{*}\omega^{*}}{t}, & -t \leqslant P_{\alpha_{ij}}^{*}\omega^{*} \leqslant 0 \\ \lambda\left(1-\dfrac{P_{\alpha_{ij}}^{*}\omega^{*}}{t}\right), & 0<P_{\alpha_{ij}}^{*}\omega^{*} \leqslant t \\ 0, & P_{\alpha_{ij}}^{*}\omega^{*}>t\end{cases} \tag{4.54}$$

由等式(4.54)可得

$$\mathrm{Me}\{\tilde{0} \leqslant P_{\alpha_{ij}}^{*}\omega^{*}+\pi_{\alpha_{ij}}^{*}\omega^{*}\}=\begin{cases}0, & P_{\alpha_{ij}}^{*}\omega^{*}+\pi_{\alpha_{ij}}^{*}\omega^{*} \leqslant -t \\ \lambda\left(1+\dfrac{P_{\alpha_{ij}}^{*}\omega^{*}+\pi_{\alpha_{ij}}^{*}\omega^{*}}{t}\right), & -t<P_{\alpha_{ij}}^{*}\omega^{*}+\pi_{\alpha_{ij}}^{*}\omega^{*} \leqslant 0 \\ \lambda+(1-\lambda)\dfrac{P_{\alpha_{ij}}^{*}\omega^{*}+\pi_{\alpha_{ij}}^{*}\omega^{*}}{t}, & 0<P_{\alpha_{ij}}^{*}\omega^{*}+\pi_{\alpha_{ij}}^{*}\omega^{*} \leqslant t \\ 1, & P_{\alpha_{ij}}^{*}\omega^{*}+\pi_{\alpha_{ij}}^{*}\omega^{*}>t\end{cases}$$
$$(i, j) \in \Omega; i=1,2,\cdots,n; j=2,3,\cdots,n \tag{4.55}$$

计算出 $\mathrm{Me}\{P_{\alpha_{ij}}^{*}\omega^{*} \leqslant \tilde{0} \leqslant P_{\alpha_{ij}}^{*}\omega^{*}+\pi_{\alpha_{ij}}^{*}\omega^{*}\}$：

$$\mathrm{Me}\left\{P_{\alpha_{ij}}^{*}\omega^{*} \leqslant \tilde{0} \leqslant P_{\alpha_{ij}}^{*}\omega^{*}+\pi_{\alpha_{ij}}^{*}\omega^{*}\right\}=\begin{cases}0, & P_{\alpha_{ij}}^{*}\omega^{*} \leqslant -t-\pi_{\alpha_{ij}}^{*}\omega^{*} \\ \lambda\left(1+\dfrac{P_{\alpha_{ij}}^{*}\omega^{*}+\pi_{\alpha_{ij}}^{*}\omega^{*}}{t}\right), & -t-\pi_{\alpha_{ij}}^{*}\omega^{*}<P_{\alpha_{ij}}^{*}\omega^{*} \leqslant -\pi_{\alpha_{ij}}^{*}\omega^{*} \\ \lambda+(1-\lambda)\dfrac{P_{\alpha_{ij}}^{*}\omega^{*}+\pi_{\alpha_{ij}}^{*}\omega^{*}}{t}, & -\pi_{\alpha_{ij}}^{*}\omega^{*}<P_{\alpha_{ij}}^{*}\omega^{*} \leqslant -\dfrac{1}{2}\pi_{\alpha_{ij}}^{*}\omega^{*} \\ \lambda+(\lambda-1)\dfrac{P_{\alpha_{ij}}^{*}\omega^{*}}{t}, & -\dfrac{1}{2}\pi_{\alpha_{ij}}^{*}\omega^{*}<P_{\alpha_{ij}}^{*}\omega^{*} \leqslant 0 \\ \lambda\left(1-\dfrac{P_{\alpha_{ij}}^{*}\omega^{*}}{t}\right), & 0<P_{\alpha_{ij}}^{*}\omega^{*} \leqslant t \\ 0, & P_{\alpha_{ij}}^{*}\omega^{*}>t\end{cases} \tag{4.56}$$

最优权重向量为 $\mathrm{Me}\left\{P_{\alpha_{ij}}^{*}\omega^{*}\leqslant\tilde{0}\leqslant L_{\alpha}^{*}\omega^{*}\right\}$ 最大值，即

$$\max_{\omega^{*},\alpha_{ij}}\mathrm{Me}\left\{P_{\alpha_{ij}}^{*}\omega^{*}\leqslant\tilde{0}\leqslant L_{\alpha}^{*}\omega^{*}\right\}$$

其中，$L_{\alpha}^{*}=\left[P_{\alpha_{12}}^{*}+\pi_{\alpha_{12}}^{*},\cdots,P_{\alpha_{23}}^{*}+\pi_{\alpha_{23}}^{*},\cdots,P_{\alpha_{(n-1)n}}^{*}+\pi_{\alpha_{(n-1)n}}^{*}\right]^{\mathrm{T}}$；$Q_{\alpha}^{*}=\left[P_{\alpha_{12}}^{*},\cdots,P_{\alpha_{23}}^{*},\cdots,P_{\alpha_{(n-1)n}}^{*}\right]^{\mathrm{T}}$。

因此，可得

$$\begin{aligned}&\mathrm{Me}\left\{Q_{\alpha}^{*}\omega^{*}\leqslant\tilde{0}\leqslant L_{\alpha}^{*}\omega^{*}\right\}\\&=\min\left\{\mathrm{Me}\left\{P_{\alpha_{12}}^{*}\omega^{*}\leqslant\tilde{0}\leqslant P_{\alpha_{12}\omega^{*}}^{*}+\pi_{\alpha_{12}}^{*}\omega^{*}\right\},\mathrm{Me}\left\{P_{\alpha_{23}}^{*}\omega^{*}\leqslant\tilde{0}\leqslant P_{\alpha_{23}}^{*}\omega^{*}+\pi_{\alpha_{23}}^{*}\omega^{*}\right\},\cdots,\right.\\&\qquad\left.\mathrm{Me}\left\{P_{\alpha_{(n-1)n}}^{*}\omega^{*}\leqslant\tilde{0}\leqslant P_{\alpha_{(n-1)n}}^{*}\omega^{*}+\pi_{\alpha_{(n-1)n}}^{*}\omega^{*}\right\}\right\}\end{aligned}$$

$$\max_{\omega^{*},\alpha_{ij}}\mathrm{Me}\left\{Q_{\alpha}^{*}\omega^{*}\leqslant\tilde{0}\leqslant L_{\alpha}^{*}\omega^{*}\right\}=\max_{\omega^{*},\alpha_{ij}}\min\left\{\mathrm{Me}\left\{P_{\alpha_{ij}}^{*}\omega^{*}\leqslant\tilde{0}\leqslant P_{\alpha_{ij}}^{*}\omega^{*}+\pi_{\alpha_{12}}^{*}\omega^{*}\right\}\right\}\tag{4.57}$$

式(4.57)称为不完整 IFPR 权重向量优化模型。在该模型中，$\max_{\omega^{*},\alpha_{ij}}\mathrm{Me}\left\{Q_{\alpha}^{*}\omega^{*}\leqslant\tilde{0}\leqslant L_{\alpha}^{*}\omega^{*}\right\}$ 可以记为 τ^{**}，且 τ^{**} 同样取决于决策评估者的态度 α_{ij}，当 α_{ij} 取最大值时，选择正理想解的情况，即评估者处于乐观的状态，通过模型(4.58)得到 $\tau_{\alpha_{\max}}^{**}$：

$$\max_{\omega^{*},\alpha_{ij,\tau}}\alpha_{ij}+\tau'$$

$$\text{s.t.}\begin{cases}\mathrm{Me}\left\{P_{\alpha_{ij}}^{*}\omega^{*}\leqslant\tilde{0}\leqslant P_{\alpha_{ij}}^{*}\omega^{*}+\pi_{\alpha_{ij}}^{*}\omega^{*}\right\}\geqslant\tau'\\0\leqslant\omega_{i}\leqslant1,\ i=1,2,\cdots,n\\\sum\limits_{i=1}^{n}\omega_{i}^{*}=1\\0\leqslant\alpha_{ij}\leqslant1,\ i=1,2,\cdots,n-1,j=2,3,\cdots,n\\(i,j)\in\Omega\end{cases}\tag{4.58}$$

当 α_{ij} 取最小值时，为负理想解的情况，评估者处于悲观状态，则通过模型(4.59)获得 $\tau_{\alpha_{\min}}^{**}$：

$$\max_{\omega^{*},\alpha_{ij,\tau}}\left(-\alpha_{ij}\right)+\tau'$$

$$\text{s.t.}\begin{cases}\mathrm{Me}\left\{P_{\alpha_{ij}}^{*}\omega^{*}\leqslant\tilde{0}\leqslant P_{\alpha_{ij}}^{*}\omega^{*}+\pi_{\alpha_{ij}}^{*}\omega^{*}\right\}\geqslant\tau'\\0\leqslant\omega_{i}^{*}\leqslant1,\ i=1,2,\cdots,n\\\sum\limits_{i=1}^{n}\omega_{i}^{*}=1\\0\leqslant\alpha_{ij}\leqslant1,\ i=1,2,\cdots,n-1,j=2,3,\cdots,n\\(i,j)\in\Omega\end{cases}\tag{4.59}$$

4.4.3 不完整直觉模糊偏好关系权重向量优化模型求解

对于不完整 IFPR 权重向量优化模型，通过采用参数分解的方法来获得权重向量值，下面分两种情况详细说明。

情况 1：当 $0<\tau'\leqslant\lambda$ 时，需要解决以下子问题。

当 α_{ij} 取最大值时，决策者处于乐观状态，完整的 IFPR 权重向量优化模型可变换为模型(4.60)所示的一般规划模型。

$$\max_{\omega^*,\alpha_{ij},\tau} \alpha_{ij}+\tau'$$

$$\text{s.t.}\begin{cases}\left(\dfrac{\tau'}{\lambda}-1\right)t-\pi^*_{\alpha_{ij}}\omega^*\leqslant P^*_{\alpha_{ij}}\omega^*\leqslant\left(1-\dfrac{\tau'}{\lambda}\right)t\\ 0\leqslant\omega_i^*\leqslant 1,\quad i=1,2,\cdots,n\\ \sum\limits_{i=1}^{n}\omega_i^*=1\\ 0\leqslant\alpha_{ij}\leqslant 1,\quad i=1,2,\cdots,n-1;j=2,3,\cdots,n\\ (i,j)\in\Omega\\ 0<\tau'\leqslant\lambda\end{cases} \tag{4.60}$$

类似地，当 α_{ij} 取最小值时，决策者处于悲观状态，取负理想解，则完整的 IFPR 权重优化模型转化为普通的规划模型，如模型(4.61)所示。

$$\max_{\omega^*,\alpha_{ij},\tau} \left(-\alpha_{ij}\right)+\tau'$$

$$\text{s.t.}\begin{cases}\left(\dfrac{\tau'}{\lambda}-1\right)t-\pi^*_{\alpha_{ij}}\omega^*\leqslant P^*_{\alpha_{ij}}\omega^*\leqslant\left(1-\dfrac{\tau'}{\lambda}\right)t\\ 0\leqslant\omega_i^*\leqslant 1,\quad i=1,2,\cdots,n\\ \sum\limits_{i=1}^{n}\omega_i^*=1\\ 0\leqslant\alpha_{ij}\leqslant 1,\quad i=1,2,\cdots,n-1;\quad j=2,3,\cdots,n\\ 0<\tau'\leqslant\lambda\end{cases} \tag{4.61}$$

情况 2：如果 $\lambda<\tau'\leqslant 1$，需要解决以下子问题。

当 α_{ij} 取最大值时，决策者处于乐观状态，完整的 IFPR 权重向量优化模型变化为模型(4.62)所示的普通规划模型。

$$\max_{\omega^*,\alpha_{ij},\tau} \alpha_{ij}+\tau'$$

$$\text{s.t.}\begin{cases}\left(\dfrac{\tau'-\lambda}{1-\lambda}\right)t-\pi^*_{\alpha_{ij}}\omega^*\leqslant P^*_{\alpha_{ij}}\omega^*\leqslant\left(\dfrac{\tau'-\lambda}{\lambda-1}\right)t\\ 0\leqslant\omega_i^*\leqslant 1,\ i=1,2,\cdots,n\\ \sum_{i=1}^{n}\omega_i^*=1\\ 0\leqslant\alpha_{ij}\leqslant 1,\ i=1,2,\cdots,n-1,j=2,3,\cdots,n\\ (i,j)\in\Omega\\ \lambda<\tau'\leqslant 1\end{cases} \tag{4.62}$$

类似地，当 α_{ij} 取最小值时，决策者处于悲观状态，完整的 IFPR 权重向量优化模型可以转化为一般规划模型，如模型(4.63)所示。

$$\max_{\omega^*,\alpha_{ij},\tau}(-\alpha_{ij})+\tau'$$

$$\text{s.t.}\begin{cases}\left(\dfrac{\tau'-\lambda}{1-\lambda}\right)t-\pi^*_{\alpha_{ij}}\omega^*\leqslant P^*_{\alpha_{ij}}\omega^*\leqslant\left(\dfrac{\tau'-\lambda}{\lambda-1}\right)t\\ 0\leqslant\omega_i^*\leqslant 1,\ i=1,2,\cdots,n\\ \sum_{i=1}^{n}\omega_i^*=1\\ 0\leqslant\alpha_{ij}\leqslant 1,\ i=1,2,\cdots,n-1,j=2,3,\cdots,n\\ (i,j)\in\Omega\\ \lambda<\tau'\leqslant 1\end{cases} \tag{4.63}$$

不完整的 IFPR 权重向量优化模型求解可分为以下 3 个步骤。

步骤 1：通过添加约束 $0<\tau'\leqslant\lambda$，求解模型(4.60)和模型(4.61)。如果子问题模型(4.60)和模型(4.61)是可行的，就可通过该模型获得权重的最优解。然后进入步骤 3；如果子问题模型(4.60)和模型(4.61)是不可行的，则通过更改量 τ 的取值范围，然后进入步骤 2。

步骤 2：通过添加约束 $\lambda<\tau'\leqslant 1$，求解模型(4.62)和模型(4.63)。如果子问题模型(4.62)和模型(4.63)是可行的，就可获得最优值，进而跳转到步骤 3。

步骤 3：得到了最优值 $\tau^*_{\alpha_{\min}}$ 和 $\tau^*_{\alpha_{\max}}$ 后，引入乐观-悲观值 θ，通过等式(4.64)和等式(4.65)，计算得到 τ^* 和 ω^* 的加权值：

$$\tau^{**}=(1-\theta)\tau^{**}_{\alpha_{\min}}+\theta\tau^{**}_{\alpha_{\max}} \tag{4.64}$$

$$\omega^{**}=(1-\theta)\omega^{**}_{\alpha_{\min}}+\theta\omega^{**}_{\alpha_{\max}} \tag{4.65}$$

其中，θ 是为了表达决策者态度所设置的乐观-悲观值。

4.4.4 不完整直觉模糊网络分析法因素层超矩阵计算

不完整直觉模糊网络分析法因素层超矩阵计算是直觉模糊网络分析法的重要步骤，其计算过程与完整直觉模糊网络分析法因素层相同。

4.5 直觉模糊综合评价

泄洪消能环境影响综合评价作为一个涉及多学科跨学科的新兴研究问题，几乎不存在被检测过的样本群，各评价指标对环境影响程度尚不明确，存在极大的模糊性。因此，本节将泄洪消能评价体系视为一个模糊系统。直觉模糊综合评价方法包括 6 个基本要素[127]：①评价因素集 U，即评价对象的评价指标；②评语集 Y，代表对评价对象变化区间的划分；③模糊关系矩阵 R，为单因素评价结果；④评价权重向量 A，表示评价因素的相对重要性；⑤合成算子，即为 A 与 R 的合成运算；⑥评价结果向量 B，即对评价结果的刻画。具体步骤如下。

步骤 1：建立评价对象的因素集，表示对象所具有的 n 个评价属性。

$$U=\{u_1,u_2,\cdots,u_n\} \tag{4.66}$$

其中，u_i 为第 i 种影响因素。

步骤 2：确定因素集的评判集，表示对因素可能取得的评价，由 4 个标准组成，表示为

$$Y=\{y_1,y_2,\cdots,y_m\},\quad y_i\in \text{IFS}(Y) \tag{4.67}$$

其中，y_i 表示第 i 种评判，评价指标的影响程度划分为 4 个等级，即 $Y=\{y_1,y_2,y_3,y_4\}$，y_1、y_2、y_3和y_4 分别表示影响程度严重、影响大、影响小和基本无影响四个等级。

步骤 3：确定隶属度函数。

隶属度函数反映了元素属于直觉模糊集合的“真实程度”，隶属度函数采用模糊统计法、二元对比法、指派函数法等多种方式确定，本节选取正态型分布函数描述：

$$\mu=\mathrm{e}^{-a(x-x_i)^2},\quad \gamma=c-\mathrm{e}^{-a(x-x_i)^2} \tag{4.68}$$

其中，μ 为直觉模糊函数，γ 为非直觉模糊函数，$c=1-\mu-\gamma$ 为直觉指数，表示评价者的非犹豫程度，c 值越大，则犹豫程度越小，取 0.9，x_i 为阈值置信区间的最大值。

直觉模糊判断矩阵揭示了因素与评判之间的关联和非关联程度，根据单因素给出的直觉模糊评判用定义在评判集 Y 上的直觉模糊集表示，可以得到一个从因

素集 U 到评判集 Y 的直觉模糊偏好关系 $R=(r_{ij})_{n\times m}\in \mathrm{IFS}(U\times Y)$，即

$$R=\begin{bmatrix}(\mu_{R11},\gamma_{R11}) & (\mu_{R12},\gamma_{R12}) & \cdots & (\mu_{R1m},\gamma_{R1m})\\ (\mu_{R21},\gamma_{R21}) & (\mu_{R22},\gamma_{R22}) & \cdots & (\mu_{R2m},\gamma_{R2m})\\ \vdots & & & \vdots\\ (\mu_{Rn1},\gamma_{Rn1}) & (\mu_{Rn2},\gamma_{Rn2}) & \cdots & (\mu_{Rnm},\gamma_{Rnm})\end{bmatrix},\quad 0\leqslant \mu_{Rij}+\gamma_{Rij}\leqslant 1 \tag{4.69}$$

步骤 4：获得权重向量。

过程详见 4.3 节和 4.4 节。

步骤 5：直觉模糊评价合成算子。

控制层和因素层的评价计算均采用直觉模糊加权平均算子(intuitive fuzzy weighted average，IFWA)[128]，对每个直觉数加权后进行集成，充分考虑指标的直觉模糊数的重要程度，结合各指标的组合权重，可集成各方案的综合评价值，也是直觉模糊数：

$$\mathrm{IFWA}\left(R_j\right)=\sum_{j=1}^{n}W_jR_j=\left(1-\prod_{j=1}^{n}\left(1-\mu_{R_j}\right)^{W_j},\prod_{j=1}^{n}\gamma_{R_j}^{W_j}\right) \tag{4.70}$$

其中，$W=(W_1,W_2,\cdots,W_n)$ 是 R_{ij} 的权重向量，满足 $W_j\in[0,1],\sum_{j=1}^{n}W_j=1$。

步骤 6：计算得分函数。

对于任一直觉模糊数 $\alpha=(\mu_\alpha,\gamma_\alpha)$，可通过得分函数 S 对其进行评估[129]：

$$S(\alpha)=\mu_\alpha-\gamma_\alpha \tag{4.71}$$

其中，$S(\alpha)$ 是 α 的得分值，$S(\alpha)\in[-1,1]$,直觉模糊数的得分值与其隶属度和非隶属度的差值有关系，即差值越大，得分值越大，直觉模糊数就越大。计算结果遵从隶属度最大原则：若得分向量 $S(\alpha)=(\alpha_1,\alpha_2,\cdots,\alpha_n)$ 中的 $\alpha_r=\max_{i\leqslant j\leqslant n}\{\alpha_j\}$，则被评价对象隶属于第 r 等级。

第5章　泄洪消能过程仿真模型

在分析了水电站运行产生的雾化、TDG过饱和、振动和冲刷等特殊的水力学现象后，本章主要探讨用系统模拟方法预测泄洪消能环境变化的演变过程。鉴于水电站运行系统的多均衡、非线性特点，运用系统动力学模型对泄洪消能过程对环境演变的影响进行动态仿真，通过系统选择和优化，最终优化泄洪消能运行的方式，实现生态环境可持续发展，以期能够对普遍意义上的泄洪消能环境影响与预测提供理论指导和依据。

5.1　泄洪消能环境系统动力学分析

结合前文环境影响评价方法、泄洪消能环境影响的概念和特征情况可以看出，水电站运行对生态环境影响程度的评价和预测依托工程特性、运行管理、社会需求、资源环境等多要素综合考虑，具有结构复杂、要素繁多、变量体系庞大、动态特性显著、量纲确定困难、变量之间非线性关系多、定量数据不易获取等诸多问题，现有研究数据难以满足要求。

比较国内外诸多研究方法，本书选取系统动力学对水电站运行环境影响程度进行模拟和预测，该方法在大尺度上对流域水资源环境进行了较多探索，但对泄洪消能过程这一小尺度的系统研究仍不多见。与其他方法相比，系统动力学方法具有独特的作用[130-132]。

(1) 系统性。现有生态环境系统评价的研究多从环境问题入手，构建指标体系，确定指标权重，输入现场和非现场数据，从而得出某单个指标或综合指标的评价结果，显然这种静态分析不适用于水电站的动态评价和预测。基于系统动力学方法的系统模型，运用系统科学的思维，较为真实地反映水电站泄洪生态环境的系统特性和变化机理，描绘系统的本质特征和行为。

(2) 简便性。水电站系统的复杂性在于其变量多、反馈回路多、非线性强，机理模糊、数据缺失等特点，实现系统模拟比较困难，但系统动力学方法可以帮助我们以水电站水资源利用程度和环境变化为系统要素，以需要、支持和限制三个属性为主导因素，对复杂系统进行降阶、减量处理，减少反馈回路，增强线性关系，从而实现系统的动态模拟。

(3) 规划性。水资源合理利用的研究不仅涉及对过去和现状的评价，还需考虑持续性，即需要对某些规划和决策的后果在一定时间尺度下做出较为客观的预测，这一过程体现了系统动力学方法的优势。

综上所述，采用系统动力学方法对泄洪各系统进行动态模拟和预测，进而根据结果优化多个方案，提出水电站安全运行的对策和建议。

综合第 3 章和第 4 章的研究结果，分析水电站运行环境系统状况，确定水电站系统边界与因果反馈关系，从前文综合评价中选取生态环境、生活舒适度和工程运行安全等方面的指标，构建环境变化的系统动力学模型，确定模型参数与有效性检验；在系统模型检验后，调整技术水平与投资比例，假设水电站运行调度方案，通过观测泄洪流量、坝后 TDG 浓度、雾化范围与强度等多个环境状态变量的动态变化，分析发展各方案的具体方向；最后，从环境保护、社会稳定和工程运行安全等角度对各模拟情景进行比较分析，得出最佳运行方案。

系统动力学主要以因果关系来选取指标的影响阈值，然后客观分析出各个指标之间的因果关系，根据因果关系构建系统动力学的模型。

5.2 系统模型构建

5.2.1 模型的边界确定

考虑到水库运行数据获取便利性和资源环境问题研究的科学合理性，首先需要构建一个带边界的模型体系，而确定模型的边界需要明确模型解决的主要问题和主要方面，分清楚模型内外因素，忽略影响很小的内部因素。

本书研究的水电站运行环境影响系统主要包括水电站运行调度方案对生态环境、河床演变、生活舒适度(低频振动、局地气候等)以及工程运行安全特性。水电站-生态环境子系统主要涉及 TDG 生成与释放、局地气温、冲刷坑深度等环境变化状态量，与状态量相关的各个影响因素作为辅助变量、速率变量和常量等。

具体来讲，界定模型边界的步骤方法类似算法中的多叉树遍历，首先，选择模型中一个主要的状态变量——雾化降雨强度，分析发现雾化降雨强度主要来自泄洪单宽流量、出口角度和流速等，次相关的因素包括水舌入水角度和宽度、水舌弧长，空中碰撞角度等；与空中碰撞关系密切的因素又包括碰撞后的入水角度、厚度等，以此类推，通过归类和排列，确定该状态变量受哪些变量影响，并逐一追踪这些变量。其次，如果遇到一个新的状态变量与影响因素发生作用，则纳入之前所属的状态变量中，并继续查找它所依靠的自变量，如此循环往复，直到不必再查找自变量或者其自变量可以忽略，这样就达到了系统的边界。最后，确定找到的各个状态变量之间是否存在相互联系，去除没有相关关系的状态变量以及自变量和因变量之间没有函数关系的变量。通过上述流程不断调整系统变量，最后可以确定较为准确的系统边界。

5.2.2　因果回路

泄洪消能环境影响系统是一个以水电站运行为中心、水文地质特征为基本条件、生态环境和工程运行安全为约束条件，形成动态反馈的复杂系统，在水电站运行系统内部，一方面保证工程的安全，另一方面资源开发利用的过程中必然引起环境的变化，各要素之间相互关联、相互作用、相互制约，共同维持系统整体的运行。生态环境要素是系统的核心因素，对系统起到宏观调节控制作用，涉及水生生物多样性、区域气候变化等多个方面，对系统可持续发展具有双重作用。健康的生态环境要素对系统可持续发展起到促进作用，反之会给系统造成压力和阻碍。工程运行安全要素是整个系统中的主导因素，包括工程结构安全，泄洪建筑物安全运行以及工程安全管理等方面，水利工程发展首先是工程安全运行，由此才能优化，改进运行方式方法，为环境保护和资源开发提供先决条件。社会要素是系统的基础，包括居民生活舒适度等方面，社会要素和其他要素紧密相连，社会和生态环境一旦失稳，水电站系统也就不复存在，水电站合理的运行方式支撑人类生活、带来经济发展，同时又在承载范围内对环境造成影响，保持系统合理运行，因此社会稳定是水利工程安全运行的前提条件。

因果关系图可以反映模型中各变量之间的定性关系。因果关系图不是一般的有向图，具有很强的实际意义，它可以看出反馈回路的形成，大致预测出一些因素的变化趋势，以明确表示整个水电站-生态环境子系统所有要素的微观结构[133]。因果关系普遍存在于各种系统中，因果关系分析是一种有效的思维方法，适用于剖析某一具体事物或局部联系。这种分析方法又是整体研究的基础，对于系统动力学，是通过因果相互关系分析，确定出系统反馈结构的框架，对系统内部结构给出直观描述。在明确研究目的的取向和所要解决的问题后，对系统进行整体分析，对重要的与非重要的因素进行取舍，保留每个子系统中若干个关键参数，将子系统内部和子系统之间的联系反映到参数的联系上，这样便得到系统的因果关系图。

在因果关系图中，反馈关系分为正反馈(+)和负反馈(−)两种。正反馈关系是指当前变量增大或减少时，因变量会跟着同时变大或减小，即变化是同方向的，负反馈则恰恰相反。反馈是一对一的，如果若干个反馈关系首尾相连，组成一个反馈回路，就称为反馈环。反馈环是因果关系图中基本的组成单元。反馈环的极性为反馈环内因果链极性的乘积。当系统偏离平衡点时，正反馈机制使系统进一步偏离平衡点，不能维持系统的稳定，因此正反馈是系统发展的主要动力，也是系统崩溃的“罪魁祸首”；负反馈能使偏离平衡点的系统回归平衡，保持系统稳定，负反馈是系统正常运行的保证，是抑制正反馈破坏作用的主要机制。在一个系统中，若正负反馈机制调节得当，则可以促进系统的良性发展；但若系统处于较低的平衡点，过强的负反馈机制将不利于系统发展。未进行水电开发的原始河流可以近似看作一个被外界孤立起来的封闭系统，它必然会趋于平衡态。一旦被外界扰动或能量输入(如水电站开发活动)，这种平衡就会被打破，随后，系统在正负反馈机制的作用下向前发展。为了更清晰地描述水电站建设、运行活动与流域环境的反馈调节机制，可借助系统动力学的研究方法对水电站系统-社会经济-生态环境系统的演化动力过程进行定量描述(图 5.1)。

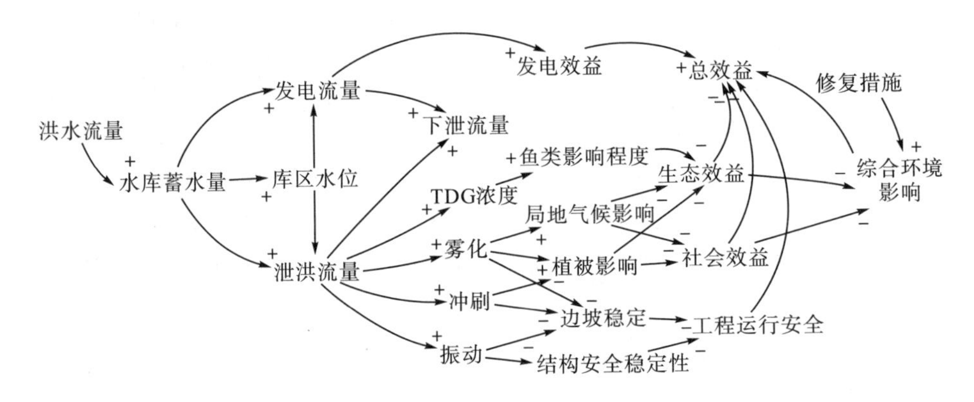

图 5.1 水电站系统-社会经济-生态环境系统因果反馈图

水电站系统的主要反馈回路共有 12 条，其反馈环如下：

洪水流量(+)→水库蓄水量(+)→库区水位(+)→发电流量(+)→发电效益(+)→总效益(+)。

洪水流量(+)→水库蓄水量(+)→库区水位(+)→泄洪流量(+)→TDG 浓度(+)→鱼类影响程度(+)→生态效益(−)→综合环境影响(−)→总效益(−)。

洪水流量(+)→水库蓄水量(+)→库区水位(+)→泄洪流量(+)→雾化(+)→局地气候影响(+)→生态效益(−)/社会效益(−)→综合环境影响(−)→总效益(−)。

洪水流量(+)→水库蓄水量(+)→库区水位(+)→泄洪流量(+)→雾化(+)→植被影响(+)→生态效益(−)/社会效益(−)→综合环境影响(−)→总效益(−)。

洪水流量(+)→水库蓄水量(+)→库区水位(+)→泄洪流量(+)→雾化(+)→边坡稳定(−)→工程运行安全(−)→总效益(−)。

洪水流量(+)→水库蓄水量(+)→库区水位(+)→泄洪流量(+)→冲刷(+)→植被影响(−)→生态效益(−)/社会效益(−)→综合环境影响(−)→总效益(−)。

洪水流量(+)→水库蓄水量(+)→库区水位(+)→泄洪流量(+)→冲刷(+)→边坡稳定(−)→工程运行安全(−)→总效益(−)。

洪水流量(+)→水库蓄水量(+)→库区水位(+)→泄洪流量(+)→振动(+)→边坡稳定(-)→工程运行安全(-)→总效益(-)。

洪水流量(+)→水库蓄水量(+)→库区水位(+)→泄洪流量(+)→振动(+)→结构安全稳定性(-)→工程运行安全(-)→总效益(-)。

通过上述 12 条反馈回路信息可知，在水电站运行过程中，各子因素间并非相互独立，而是相互关联、相互作用的，反馈信息中不仅包括泄洪流量与单项环境影响和总效益之间的关系，还包括各子因素间的相互关联及作用。反馈回路的建立可以为后续建立系统动力学流图提供基础。

雾化系统较为庞杂，其中根据消能工种类可以划分为挑流消能引起的雾化，以及底流消能引起的雾化，因此在建立水电站运行-雾化耦合系统时需要分两种情况讨论。

(1)挑流泄洪雾化。由泄洪建筑物的鼻坎射出的高速水舌在空气中运动时，水和空气的相互作用形成掺气水舌，水滴经过相撞后的水舌的掺气程度进一步增加。在水舌相撞点附近有大量水滴从水舌中喷出，形成降雨[134]。当水舌刚落入下游水垫时，在水垫中产生一个短暂的高速激波。当水舌和下游水面撞击后，水舌的大部分会进入下游水垫，而其小部分在下游水垫压弹效应和水体表面张力作用下反弹起来，以水滴的形式向下游及两岸抛射出去，便形成降雨，落入河床及两岸。空中水舌掺气扩散形成的雾化源是不大的，雾化源主要是由水舌落水附近的水滴喷溅引起的。溅起的水滴在一定范围内产生强烈水舌风，水舌风又促进水滴向更远处扩散，向下游和两岸山坡扩散。随着向下游的延伸，降雨强度逐渐减小。根据雾化水流各区域的形态特征和形成的降雨强弱，将雾化水流分为两个区域，即强暴雨区和雾流扩散区[135]。强暴雨区的范围为水舌入水点前后的暴雨区和溅水区，雾流扩散区包括雾流降雨区和雾化区，因而在建立挑流泄洪雾化模型时包含了很多细观尺度的指标(图 5.2)，系统中设置了水舌弧长、水舌风速、水舌入水角度、水舌挑距等水舌特征要素，设置了出口流速、入水流速、下游水深等泄洪建筑物的水力学特征要素。系统内各要素的最终指向和出口均为溅水区纵向长度和溅水区横向宽度，这两大变量作为挑流泄洪雾化的分析要素。

(2)底流泄洪雾化。底流泄洪雾化的主要原理是下泄水流与空气边界的相互作用，使得水流自由面失稳和水流紊动加剧[13]，进而部分水体以微小水滴的形式进入空气中，产生某种形式的雾源。雾源在自然风和水舌风的综合作用下，向下游扩散，在下游的空间中形成一定的水雾浓度。之后，水雾经自动转换过程和碰并过程转变为雨滴，以及水雾和水汽之间发生雾滴的蒸发或凝结过程。图 5.3 是水电站-底流泄洪雾化子系统因果图。

水电站运行-冲刷耦合系统中主要以冲坑深度作为主要评价因素，以基岩综合冲刷系数和最大冲坑深度作为分析要素，挑流水舌弧长、入水角度以及入水厚度等作为基础要素[136,137]，而出口断面水深与下游河道水深作为其他子系统的接口(图 5.4)。

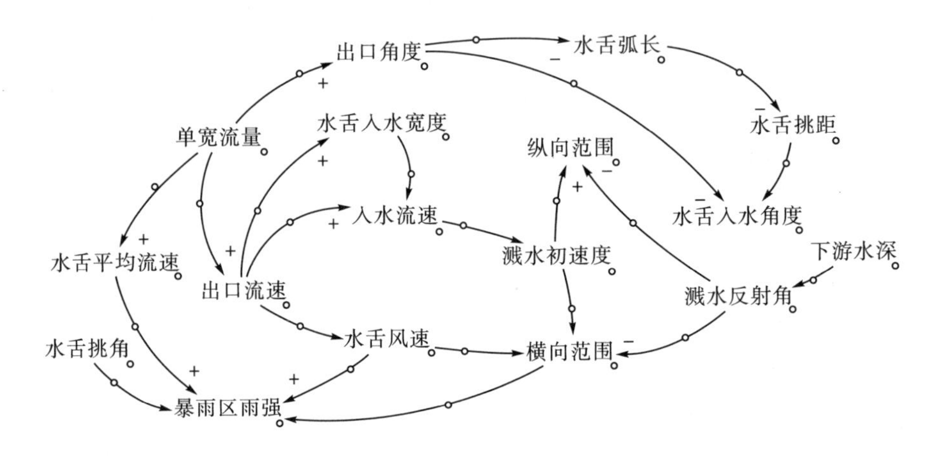

图 5.2 水电站运行-雾化耦合系统(挑流)因果图

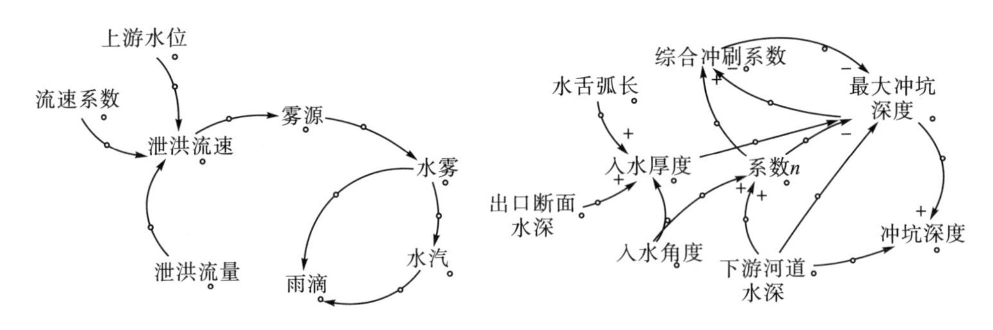

图 5.3 水电站运行-雾化耦合系统(底流)因果图　　图 5.4 水电站运行-冲刷耦合系统因果图

图 5.5 是水电站运行引起 TDG 过饱和现象的因果循环图，该系统主要包括水电站系统和 TDG 生成释放系统，以水电站水位、发电流量、泄洪流量作为连接水电站子系统的接口，TDG 过饱和的生成与沿程释放浓度作为系统的评价要素。坝前 TDG 浓度以及河道紊动强度作为关联影响因素，在时间尺度上，下游河道 TDG 的释放存在一定的滞后性，导致水电站运行-TDG 过饱和耦合系统与其他子系统存在差异。

图 5.6 是水电站运行引起泄洪建筑物振动响应的因果循环图，该系统以水库水位、发电流量、泄洪流量作为初始条件，消力池导墙、中隔墙和底板的最大振幅作为系统的评价要素。

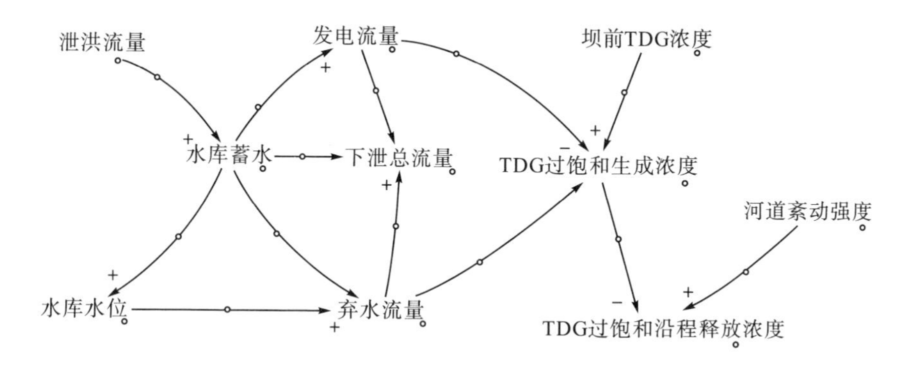

图 5.5　水电站运行-TDG 过饱和耦合系统因果图

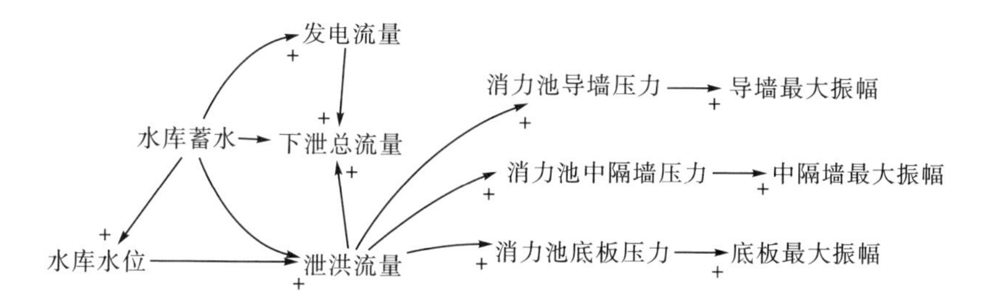

图 5.6　水电站运行-振动耦合系统因果图

5.2.3　子系统建立

系统动力学的最大特征是，从复杂系统这个总目标下的基本反馈结构入手，梳理系统内外各因素之间的关系，集成管理和决策者的经验、知识和区域规划方案，通过计算机模拟试验，最终构造出一个全面描述该系统的动态模型。从宏观上揭示系统发展的趋势和方向，适合研究非线性、动态性和长期性的复杂问题。系统动力学模型本质上是带时滞的微分方程组，包含多种变量，如状态变量、辅助变量、速率变量、阶跃函数和表函数等，甚至可以展示一般模型无法表达的复杂关系变量，能很容易地处理非线性和时变问题，适合做长期性、动态性和战略模拟分析及研究，并对系统的结构与动态行为进行分析。总体上，系统动力学模型是结构-功能的模拟，其模型构建的过程如图 5.7 所示。

从系统意义上来讲，水电站系统-社会经济-生态环境系统是一个复杂的开放系统，泄洪消能过程对环境的影响受内外许多因素影响，而系统内部各子系统的作用尤为关键，通过分析子系统之间的相互关系，厘清整个系统的反馈关系，进而探讨生态环境可持续发展的体制机制，对了解水电站系统-社会经济-生态环境系统演化过程、发挥人的主观能动性具有重要意义。同时，各子系统之间彼此依存、彼此制约，水电站的运行与各子系统存在对立统一关系。

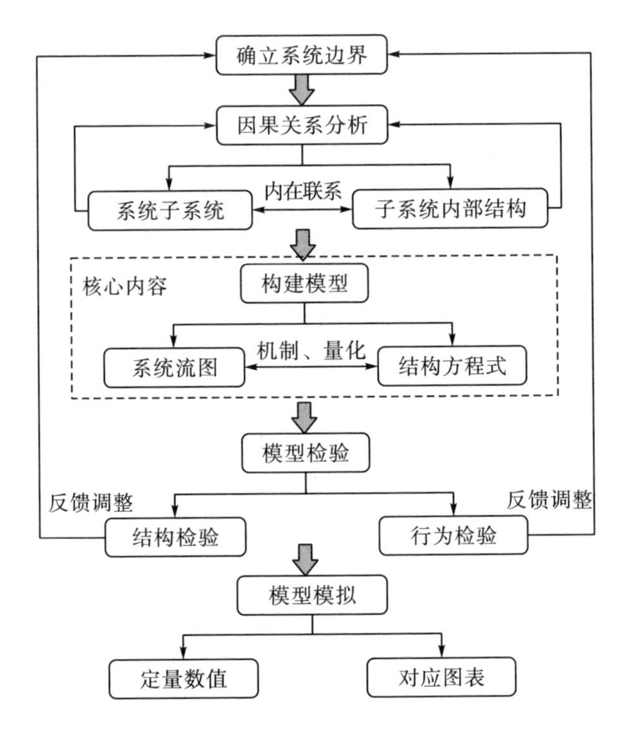

图 5.7 系统动力学模型构建流程

1. 水电站子系统构建

水电站是整个体系的核心，也是影响社会和生态环境的前提条件，它首先作为系统模型中的一个子系统或者变量来进行分析。考虑了泄洪流量作为子系统模拟分析不同运行调度条件下 TDG 过饱和程度、雾化、冲刷等方面的影响。系统模型从所确立的研究角度和目的出发，假设在汛期发电流量基本为满发的情况，随着洪峰流量的增加，泄洪流量不断增大，水库模块以总库容为水平变量，总泄洪流量、水位，总泄量等为速率变量(图 5.8)。水电站子系统对其他子系统的影响主要体现在：泄洪流量增加会加重 TDG 过饱和、雾化降雨和振动的程度，影响生态环境子系统；泄洪建筑的选择会影响泄洪流量，从而导致 TDG 过饱和程度与雾化降雨强度的变化，有可能对生态环境子系统产生正面的影响；泄洪时长增加，总泄量增加，加重了下游冲刷和振动的程度，进而影响工程运行安全性，即对水电站子系统产生不利影响。

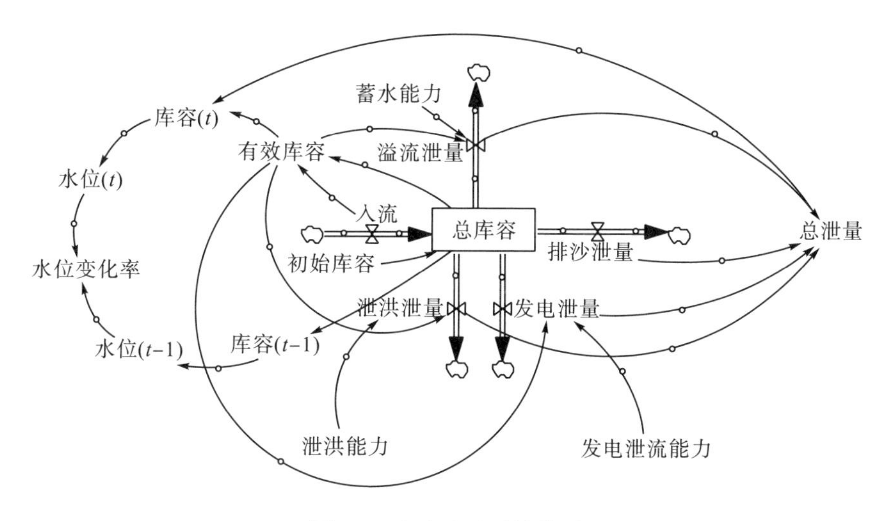

图 5.8　水电站子系统模型

2. 水电站运行-雾化耦合系统构建

以挑流消能产生的雾化为例说明水电站运行-雾化耦合系统的构建。如图 5.9 所示，由于雾化机理非常复杂，雾化子系统主要研究不同泄洪建筑物运行对暴雨区、溅水区和雾流降雨区的降雨强度和降雨范围的影响，雾化对水电站子系统、生态环境子系统和社会经济子系统均产生不利的影响，主要包括：首先，在雾化暴雨区，随着降雨强度的增加和降雨时长的增加，会影响电站厂房、开关站和输电线路等电气设备的正常运行，对水电站子系统产生不利影响；其次，溅水区雾化降雨强度比较高，影响范围比较广，影响水电站下游一定范围内交通或生活工作区的正常工作环境；最后，随着泄洪时长的增加，强降雨会冲蚀地表，破坏植被，影响下游两岸山坡稳定和下游局部地区的自然环境及气候条件，容易诱发山体滑坡，危及水电站大坝的安全运行，最终影响生态环境子系统和工程运行安全子系统。

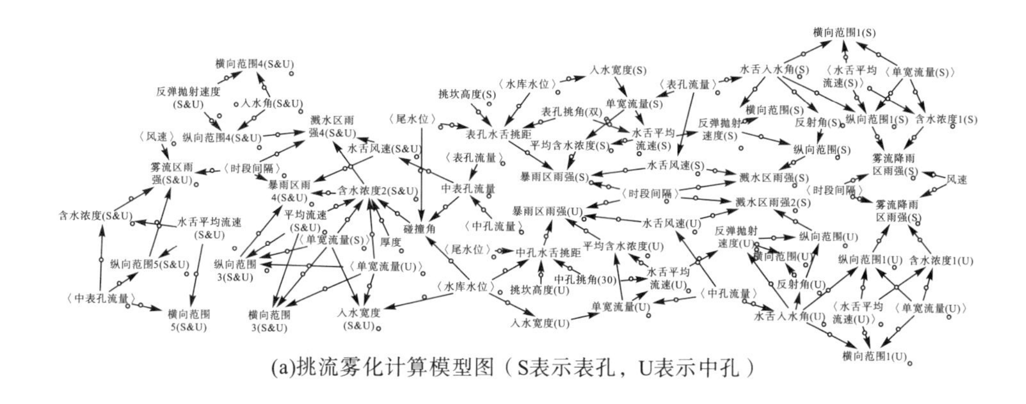

(a)挑流雾化计算模型图（S表示表孔，U表示中孔）

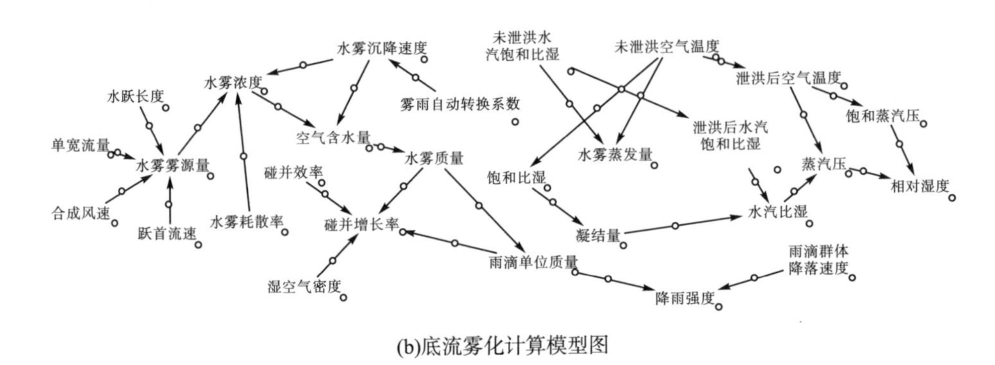

(b)底流雾化计算模型图

图 5.9　水电站运行-雾化耦合系统模型

3. 水电站运行-冲刷耦合系统构建

水电站运行-冲刷耦合系统(图 5.10)和雾化子系统相似，主要以挑流消能产生的水舌在潜入下游水体后会冲刷下游河床而形成冲刷坑，只要稳定后的冲刷坑与建筑物之间有足够的安全距离，建筑物自身的安全就是有保证的。挑流水舌的冲击力较大，可能会对下游河床产生严重的局部冲刷，同时导墙、岸坡等也可能受到回流的淘刷等；不同的挑流形式将会使挑射出来的水舌呈现不同的形体特征，相应的消能效果也是不同的，对下游的冲刷亦不相同。泄洪流量和水流条件也存在差异，人们在连续式挑流鼻坎体型的基础上不断变化，设计出多种新型的挑流

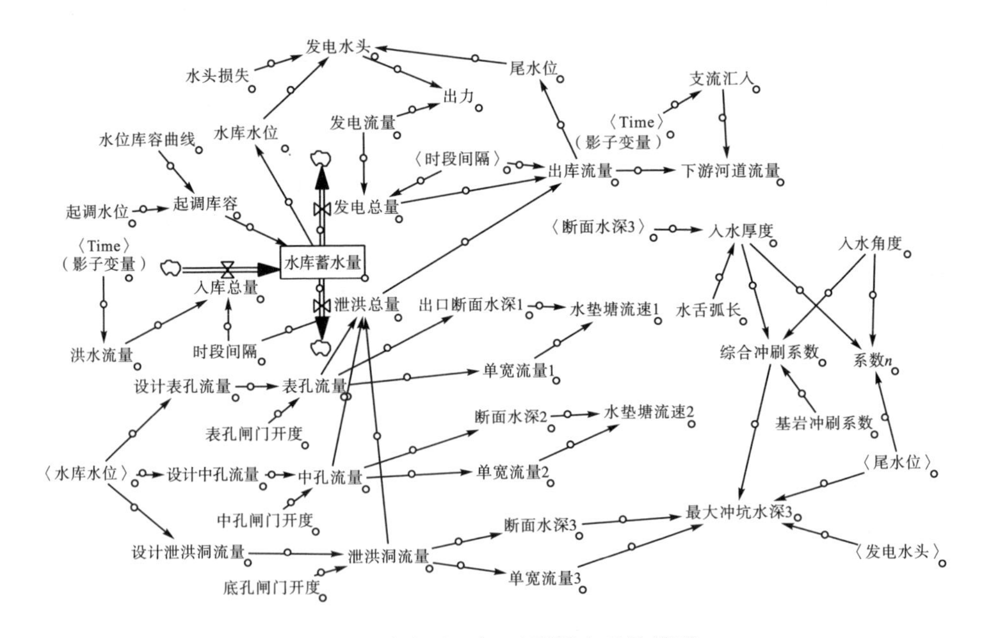

图 5.10　水电站运行-冲刷耦合系统模型

鼻坎以满足工程实际的要求。冲刷子系统对其他系统的影响包括：①挑流的流速越高，携带的能量越大，水垫塘深度与底板的极限承压能力具有一定的限制，射流流速对水垫塘底板冲击作用的影响是显而易见的，容易诱发消能设施的破坏，影响工程运行安全性；②随着较长时间的连续泄洪，排入河道的水体对河道基岩产生一定的冲刷，慢慢改变河道形态，将会对生态环境子系统产生不利影响。

4. 水电站运行-TDG 过饱和耦合系统构建

水电站运行-TDG 过饱和耦合系统主要反映了在不同的运行方案下，泄洪流量、孔口组合对坝后 TDG 生成过程的影响，以及天然河道中河道紊动强度对 TDG 释放过程的影响，随着泄洪流量的增加，大量气体溶解在下泄水体中，导致 TDG 浓度增加；同时，随着泄洪时长的增加，TDG 释放程度缓慢，进而导致坝后 TDG 过饱和程度较高；下游天然河道中 TDG 的释放依赖于河道水文特征，坝后产生的 TDG 浓度越高，则河道内 TDG 释放过程越缓慢。因此，只有通过合理规划运行方案，控制坝后 TDG 生成浓度，才是减缓 TDG 不利影响的关键措施。TDG 系统对其他子系统的影响主要体现在：①影响电站系统的运行方案、合理的孔口组合、间歇式的泄洪方式都会对减缓 TDG 过饱和产生积极的影响；②TDG 沿程释放越缓慢，则影响下游河道生态环境，威胁水生动物的生存；③连续泄洪时长越长，TDG 过饱和程度越高，导致了下游水生动物减少，进而增加居民对水电站的不满意程度，影响社会经济子系统(图 5.11)。

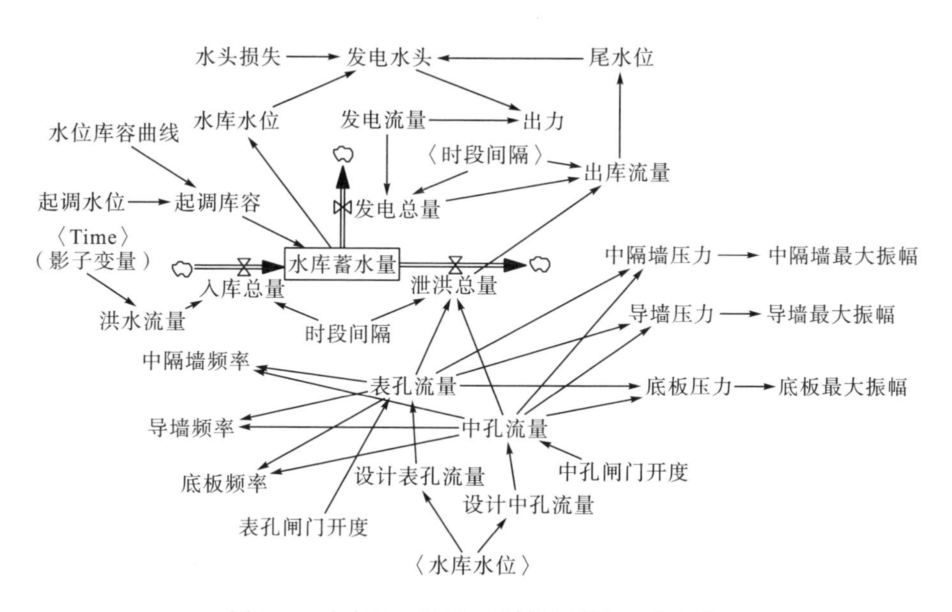

图 5.11　水电站运行-TDG 过饱和耦合系统模型

5. 水电站运行-振动耦合系统模型

水电站运行-振动耦合系统主要反映了在不同的运行方案下，泄洪流量、孔口组合对泄洪过程中消力池底板和边墙的脉动压力变化特点，而振动对社会经济子系统、生态环境子系统的影响采用消力池底板和边墙的脉动压力均方根和频率进行分析，水电站运行-振动耦合系统对区域的环境安全影响主要分为三个方面：水电站安全，下游居住区建筑物安全以及生活舒适度(图 5.12)。

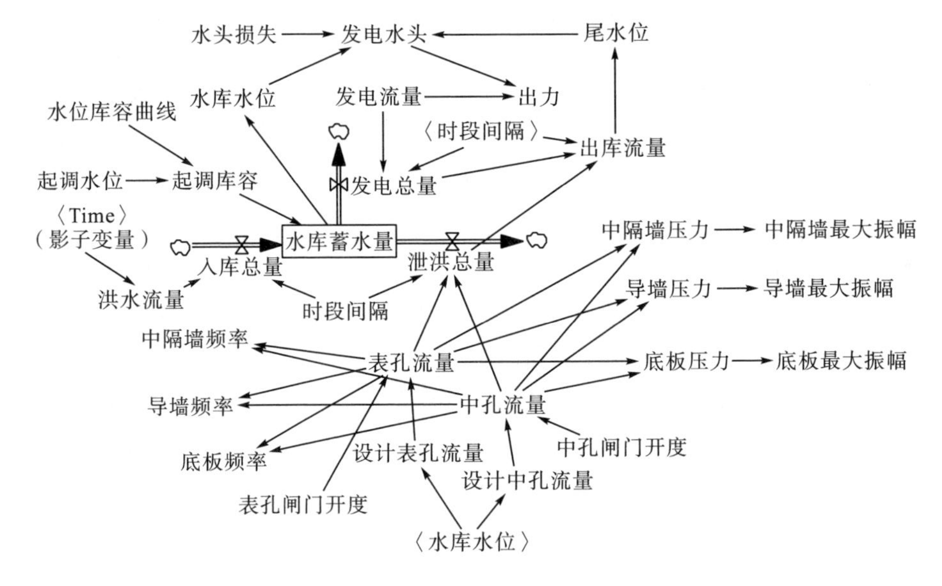

图 5.12　水电站运行-振动耦合系统模型

根据各子系统目前的研究结果，总结归纳了关键变量的计算公式，如表 5.1 所示[138-145]。

表 5.1　各子系统中的主要方程式[138-145]

子系统	关键变量	方程	备注
水电站	水库水位	y =WITH LOOKUP(水库蓄水量)表函数	水位库容关系
	表孔流量	y =IF THEN ELSE(水库水位，设计表孔流量，x0)	水位流量关系
	中孔流量	y =IF THEN ELSE(水库水位，设计中孔流量，x0)	
	泄洪洞流量	y =IF THEN ELSE(水库水位，设计泄洪洞流量，x0)	
	坝后水深	y =尾水位−河床高程	
	发电流量	y =WITH LOOKUP(水库水位)表函数	

续表

子系统	关键变量	方程	备注
TDG	中、表孔 TDG 生成	$G_k = G_{eq} + \frac{1}{2}\frac{\Delta\overline{P}_d}{P_0}\phi_2 G_{eq}\exp\left[-k_k\left(\frac{h_k}{h_t}\right)^{3/2}\right]$	G_{eq} 为水垫塘出口 TDG 浓度 h_k和h_t 分别为二道坝高和水深 h_d 和 h_r 分别为消力池和水深 G_0 为初始浓度 $\Delta\overline{P}_d$ 为平均压强 k_k和k_d 分别为中、表孔和泄洪洞系数 $TDG_{坝前}$ 和 $TDG_{坝后}$ 分别为坝前 TDG 浓度和坝后 TDG 生成浓度 $Q_{发电}$、$Q_{泄洪}$、$Q_{出库}$ 分别为发电总流量、泄洪总量和出库总量 ϕ_1和ϕ_2 分别为中、表孔和泄洪洞释放系数 G_k 和 G_d 分别为中、表孔和泄洪洞生成 TDG 浓度 k_t 为初始系数
	泄洪洞 TDG 生成	$G_d = G_{eq} + \frac{1}{2}\frac{\Delta\overline{P}_d}{P_0}\phi_1 G_{eq}\exp\left[-k_d\left(\frac{h_d}{h_r}\right)^{3/2}\right]$	
	坝后 TDG 混掺	$y=(TDG_{坝前}\cdot Q_{发电}+TDG_{坝后}\cdot Q_{泄洪})/Q_{出库}$	
	释放系数	$y=3600\times\sqrt{9.93\times 10^{-(流速/断面水深)}}$	
	TDG 过饱和	$y=\int k_t(G_0-G_{eq})\,dt+G_0$	
	支流汇入流量	y = WITH LOOKUP (time) 表函数	
	河道水深	y =过流面积/流速	
	河道流速	y =下游河道流量/过流面积	
泄洪雾化	断面水深	$h_0=\frac{Q}{B\varphi\sqrt{2g(H_1-H_0-h_0\cos\alpha)}}$	H_2 为水舌高程，h_0 为出口水深 k 为系数， Q 为泄洪流量，B 为出口断面，q 为单宽流量 H_1 和 H_0 为上游水位和出口底高程 u_0和u_e 为水舌风速度和自然风速度 α、β和γ 分别为水舌入水角、抛射角和入射角 φ_a 为初始流速系数 g 为重力加速度 t 为时间
	流速系数	$\varphi=\sqrt{1-0.21\frac{s^{3/8}(H_1-H_0)^{1/4}g^{1/4}ks^{1/8}}{q^{1/2}}}$	
	水舌挑距	$L_b=\frac{u_0\cos\alpha}{g}\left[u_0\sin\alpha+\sqrt{u_0^2\sin^2\alpha+2g\left(H_0-H_2+\frac{h_0}{2}\cos\alpha\right)}\right]$	
	入水角度	$\tan\theta=-\sqrt{\tan^2\alpha+\frac{2g}{u_0^2\cos^2\alpha}\left(H_0-H_2+\frac{h_0}{2}\cos\alpha\right)}$	
	出口流速	$u_1=\frac{Q}{Bh_0}=\varphi\sqrt{2g(H_1-H_0-h_0\cos\alpha)}$	
	水舌弧长	$s=\frac{(u_0^2\cos\alpha)^2}{2g}\left[t\sqrt{1+t^2}+\ln\left\|2t+2\sqrt{1+t^2}\right\|\right]_{t(0)}^{t(L_b)}$	
	空中流速系数	$\varphi_a=1-0.0021\frac{s}{h_0}$	
	入水流速	$V_c=\varphi_a\sqrt{u_0^2+2g\left(H_0-H_2+\frac{h_0}{2}\cos\alpha\right)}$	
	溅水反射角	$\gamma=136-2\alpha$	
	横向范围	$D=\frac{0.77u_0^2\cos\gamma}{g}$	
	初速度	$u_0=0.775\frac{\cos\beta}{\cos\gamma}u_e$	

续表

子系统	关键变量	方程	备注
冲刷	冲刷系数	$K_{\mathrm{T}}^2 = K_{\mathrm{e}}^2(h_0 \sin\beta / t_{\varepsilon})^n$	K_{e} 为基岩冲刷系数，t_{ε} 为冲刷角度，K_{T} 为综合冲刷系数
	冲坑深度	$t_{\mathrm{k}} = \sqrt{h_{\mathrm{t}}^2 + K_{\mathrm{T}}^2 q\sqrt{H} / \sqrt{g}}$	其余符号含义同泄洪雾化
	脉动压力	y =WITH LOOKUP(泄洪流量)表函数	
振动	导墙安全结构参数	C_{s} = 上下游水位差×水深^2/100×导墙厚度^2	挑流
		C_{s} = 上下游水位差×水深^3/100×导墙厚度^3	底流
	冲击压力	y =WITH LOOKUP(泄洪流量)表函数	泄流量与冲击压力关系

5.3 模型有效性检验

水电站-生态环境子系统动态模型建好后，通过模拟，可以看到系统过去和未来的行为，这时的模型还不能真正使用，需要对模型的正确性进行评估，即检验模型的问题。系统动力学仿真模型是概化模型，并不能完全把复杂的现实世界完美地模拟出来，每一个模型都是对现实世界的简化。因此，模型检验的最基本问题不是模型的结构正确，而是这个模型能够进行有效计算，它能否帮助解决所面对的问题。如果能，这个模型就是一个有效的模型；如果不能，模型就是无效的，需要进行修改。从这个意义上来说，模型检验就是评价模型的有效性。

所谓的模型验证，就是要考察模型的前提假设，看它们是否恰当，是否符合模型所研究的问题。统计模型通过输入数据，得到变量之间的关系，此类模型常用的检验方法是统计中的 F 检验、t 检验等，而系统动力学的模型基于变量的因果关系建立起来，因此首先需要考虑因果关系是否正确。两种模型的区别如表 5.2 所示。

表 5.2 两种常用模型的区别

区别	基于因果关系的模型	基于数据相关性的模型
特点	趋向于理论、系统结构	只有数据
数学表达式的基础	变量间因果关系的假设	观察和分析所得的相关性
模型表述	实际系统的某些特定方面如何工作/有关系统的理论	实际系统的不同组成部分的统计关联
建立模型的目的	做出情景分析并进行政策分析	仅做出预测
验证过程	定性方法和定量方法	统计检验(定量方法)
应用实例	系统动力学模型	计量经济学模型

同数据相关性模型相比，因果描述模型是真实系统的理论，不仅需要重现系统行为，还要解释系统行为的产生过程，并且提出改变系统现有行为方法的可能性。因此，系统动力学模型的验证更为复杂。一般来说，系统动力学模型的检验应包括两个方面：模型结构检验和模型行为检验。系统动力学最根本的思想之一就是系统的结构决定了系统的行为，如果仅将模型产生的行为与所观测的真实系统行为相比较，进行模型行为检验在系统动力学中是不足以说明模型有效性的。由于该方法没有提供模型结构信息，单纯的模型行为检验不能区分伪行为正确性和真行为正确性。伪行为正确性是指模型的行为与真实数据相仿，但是模型的结构与真实系统不相同，即错误的原因产生了正确的行为；真行为正确性是指模型的行为与真实数据相仿，而且模型的结构也和真实系统相同，即正确的原因产生了正确的行为。对模型结构的检验基本流程如下。

(1) 结构评估。检查因果关系图、存量流量图，并直接检查根据模型构造的数学表达式，确保模型的结构与系统的相关描述要点一致。

(2) 边界充分性评估。用模型边界图、变量列表和因果关系回路图来明确表示观察所得的内部变量和外部变量。列出模型中重要的内生变量(随其他模型变量变化而变化)、外生变量(不随其他模型变量变化而变化，是模型的输入量)，以及模型中没有包括的变量。对各个变量所属关系进行分析，通常内生的变量都对所研究的问题有很大的影响，并且随着系统的变化而不断发展变化。外部的变量对系统也有影响，但是系统对这些变量却没有影响，它们不随系统变化而变化。

(3) 量纲一致性。大部分参数可使用软件中的量纲分析工具，对于不确定意义的参数可通过检查模型等式逐一确定，此处不再赘述。

(4) 历史检验。

洪水流量采用与原型观测相同时间段的水文统计资料作为输入条件，选取泄洪流量、发电流量、坝后 TDG 浓度、泄洪雾化降雨强度、降雨范围以及振动引起的消力池底板脉动压力等指标作为检验变量，进行模拟计算，并与相应的原型观测数据进行对比分析，尽管由于部分数据缺失，但总体结果不影响系统模型检验。

表 5.3 是水电站运行-TDG 过饱和耦合系统的各工况实测值和模拟值对比，模型选取的是二滩水电站。根据计算，泄洪流量与发电流量的实测值与模拟值的相对误差最大分别为 3.78%和 3.33%，TDG 的实测值与模拟值相差较小，表明采用系统动力学模型可以模拟水库运行的各种工况以及 TDG 生成过程，该模型在仿真精度上具有现实有效性。

对于水电站运行-雾化耦合系统(挑流)，模拟结果如表 5.4 所示，各指标的相对误差都在 10%以内，说明该子系统模型的相对误差均在误差允许范围内，即表明该子系统的动力学模型的模拟结果可靠，符合建模要求。

表 5.3 水电站运行-TDG 过饱和耦合系统误差检验

工况	泄洪建筑物	泄洪流量/(m^3/s)			发电流量/(m^3/s)			坝后 TDG		
		实测值	模拟值	相对误差	实测值	模拟值	相对误差	实测值	模拟值	相对误差
1	表孔	800	807	0.88%	1809	1821	0.66%	140.0%	139.5%	0.36%
2	中孔	1850	1920	3.78%	1263	1274	0.87%	134.1%	136.2%	1.57%
3	泄洪洞	2220	2284	2.88%	1263	1305	3.33%	121.6%	120.4%	0.99%
4	中、表孔联合	2400	2418	0.75%	1809	1795	0.77%	127.2%	127.6%	0.31%
5	联合泄洪	3700	3722	0.59%	1809	1867	3.21%	122.6%	125.2%	2.12%

表 5.4 水电站运行-雾化耦合系统(挑流)误差检验

工况	泄洪建筑物	泄洪流量/(m^3/s)			降雨强度等值线				
		实测值	模拟值	相对误差	降雨强度/(mm/h)		实测值/m	模拟值/m	相对误差
1	表孔全开	6024	5981	0.71%	10	纵向	509	515	1.18%
						横向	590	593	0.51%
					0.5	纵向	760	745	1.97%
						横向	770	782	1.56%
2	中孔全开	6856	6742	1.66%	10	纵向	623	631	1.28%
						横向	622	618	0.64%
					0.5	纵向	798	815	2.13%
						横向	670	647	3.43%
3	1#泄洪洞	5231	5308	1.47%	10	纵向	1218	1288	5.75%
						横向	843	830	1.54%
					0.5	纵向	1297	1311	1.08%
						横向	805	785	2.48%
4	1、3、6、7表孔和2、3、6中孔	7757	7518	3.08%	10	纵向	836	847	1.32%
						横向	713	694	2.66%
					0.5	纵向	1265	1324	4.66%
						横向	797	764	4.14%
5	联合泄洪	7800	7693	1.37%	10	纵向	1316	1383	5.09%
						横向	947	930	1.80%
					0.5	纵向	1385	1422	2.67%
						横向	1018	988	2.95%

水电站采用不同的泄洪消能工时，产生雾化的机理不同，因而采用不同的泄洪消能模型，底流消能工最具有代表性的工程是向家坝水电站，但是由于实测资料的缺失，模型验证时采用物理模型实测值与模拟值进行对比分析。在向家坝水电站物理模型试验中，工况布置方案以中、表孔间隔布置作为泄洪建筑物主要考虑因素，水雾浓度和降雨强度等值线分别选取 0.1g/m^3 和 0.1mm/h，得到不同工况下泄洪雾化参数的影响范围，如表 5.5 所示，表中的左右横向距离表示受影响区域的横向左、右侧最远位置到消力池中心线的距离。

根据计算可以看出，各工况下相对误差均在 10%以内，表明水电站运行-雾化耦合系统(底流)的动力学模型的模拟结果可靠，可以有效地模拟底流消能对雾化的影响程度。

表 5.5　水电站运行-雾化耦合系统(底流)误差检验

工况	洪水频率	风向	风速/(m/s)	水雾浓度/(g/m^3)				降雨强度/(mm/h)			
				方向	实测值	模拟值	相对误差	方向	实测值	模拟值	相对误差
1	20%	静风	0	纵向	615	623	1.30%	纵向	262	258	1.53%
				左横向	239	228	4.60%	左横向	177	168	5.09%
				右横向	239	224	6.28%	右横向	177	168	5.09%
2	20%	西北	1.3	纵向	724	698	3.59%	纵向	284	283	0.35%
				左横向	219	205	6.39%	左横向	168	172	2.38%
				右横向	261	272	4.21%	右横向	178	177	0.56%
3	20%	西南	1.3	纵向	727	764	5.09%	纵向	285	293	2.81%
				左横向	261	275	5.36%	左横向	177	174	1.70%
				右横向	220	224	1.82%	右横向	168	164	2.38%
4	10%	西北	1.3	纵向	777	788	1.42%	纵向	311	305	1.93%
				左横向	220	223	1.36%	左横向	175	171	2.29%
				右横向	270	282	4.44%	右横向	178	182	2.25%
5	5%	西北	1.3	纵向	819	834	1.83%	纵向	332	330	0.60%
				左横向	221	231	4.52%	左横向	177	175	1.13%
				右横向	276	285	3.26%	右横向	180	192	6.67%
6	2%	西北	6	纵向	1268	1300	2.52%	纵向	396	401	1.26%
				左横向	166	158	4.82%	左横向	137	145	5.84%
				右横向	661	674	1.97%	右横向	231	224	3.03%

(5) 灵敏度检验。

模型的灵敏度检验是为了检验系统变量输出对系统参数的敏感程度。灵敏度检验对水电站系统-社会经济-生态环境系统动力学模型中原始数据不准确或者发生变化时系统输出稳定性有重要的意义。本节为了检验水电站运行系统的灵敏度，选取模型中发电流量和库水位作为敏感参数，考察其在洪水流量增加 10%时，坝后 TDG 过饱和程度和下游水深的变化情况。根据下游水深与 TDG 过饱和程度的灵敏度检验对比可以看出，发电流量和库水位的变动，TDG 过饱和程度和泄洪总量未出现较大的变动，表明系统较为稳定，可用于系统情景的模拟。

第6章 工程实例

本章以二滩水电站和向家坝水电站为研究对象，从实际工程应用的角度对第2章～第5章的水电站泄洪消能环境影响综合评价相关内容进行实例研究。

6.1 二滩水电站泄洪消能环境影响综合评价

6.1.1 工程概况

二滩水电站位于雅砻江下游河段二滩峡谷区内，两岸临江坡高 300～400m，左岸谷坡 25°～45°，右岸谷坡 30°～45°。水电站枢纽建筑物由混凝土双曲拱坝(坝高 240m、坝顶高程 1205m)、左岸地下厂房系统、右岸泄洪隧洞及左岸过木机道组成。整个枢纽布置在上游金龙沟至下游三滩沟之间 2km 范围的狭窄河谷内。主要水工建筑物包括混凝土双曲拱坝、泄洪建筑物、引水道、厂房、主变室和开关站，原木纵向过木机系统和二道坝为三级建筑物。二滩水电站以发电为主，水库正常高水位为 1200m，发电最低运行水位 1155m，总库容 58亿 m^3，有效库容 33.7亿 m^3，属季调节水库。电站内安装 6 台 55 万 kW 水轮发电机组，总装机容量 330 万 kW，多年平均发电量 170 亿 kW·h，保证出力 100 万 kW。二滩水电站泄洪建筑物经试验优化，确定以坝体表孔、中孔和右岸的两条泄洪洞 3 套泄洪设施组成的泄洪方案。表孔沿拱坝顶部呈径向布置，堰顶高程 1188.5m，采用水流自由跌落，出口形式选用大差动俯角跌坎加分流齿坎方案。其中，单号孔采用-30°，双号孔采用-20°。中孔共 6 孔，布置在表孔闸墩下方，出口底高程 1120～1122m。出口采用挑流。1号和2号泄洪洞均布置在河谷右岸，采用浅水式短进水口龙抬头明流泄洪洞，出口采用挑流消能。两洞进口位于大坝右岸上游二滩沟，进口底高程 1163m，出口高程 1040m。两洞呈直线平行布置，洞的中心距离 40m，1号洞全长 922m，2号洞全长 1269.01m，洞身纵坡分别为 7.9%和 7.0%，隧洞断面采用圆拱直墙形式，尺寸 13.0m×13.5m(宽×高)。

6.1.2 综合评价

1. 指标体系

二滩水电站泄洪消能对下游环境的影响主要分为四个基本属性，分别是生态环境(R1)、河床演变(R2)、生活舒适度(R3)及工程运行安全(R4)。其中，生态环境属性主要考虑水生生态环境条件以及局地气候的变化特点：TDG 过饱和现象会引起水生环境的变化，对鱼类产生不利影响，而冲刷会导致河床形态发生变化，泄洪雾化则影响下游局地气候以及岸坡的稳定性。河床演变属性评价了冲刷、振动和雾化对下游河床以及岸坡稳定的影响程度。生活舒适度属性主要评估泄洪对人类工作和生活的影响，当振动超过一定水平时，人体会产生不舒适的感觉且雾化诱发的强降雨会影响正常的生活等。工程运行安全属性主要考察泄洪工况对工程结构安全的影响，泄流建筑物长期处于水流脉动压力作用下产生随机振动会造成破坏，强降雨会引起滑坡等地质灾害从而威胁建筑物的安全，局部冲刷形成冲坑，导致河道航运以及水电站尾水出流受到影响，甚至还可能会危及建筑物本身及下游区域的安全。由此可见，影响基本属性的指标是 TDG 过饱和、雾化、冲刷和振动四个特殊的水力学现象。根据目前的 TDG 生成释放研究成果，影响 TDG 过饱和生成的主要因素有消能方式、泄洪流量与泄洪建筑物的布置，有效降低坝下 TDG 过饱和程度的主要因素是发电尾水的掺混。泄洪雾化程度评价指标选取的关键因素是能否接近真实地反映雾化源头的产生和发展的趋势。高坝泄洪雾化过程中，水头、泄洪流量、水舌风速、综合消能方式和下游水垫深度等水力学因素反映雾化源头的产生，而风速、风向、河谷形状和岸坡坡度等因素反映了雾化区域发展的难易程度，而较低的温度会使雾化的危害程度增加。影响水工结构振动的水力学因素主要包括泄洪流量、上下游水位差、下游水深，水电站运行因素包括泄洪建筑物的选择、闸门开度。地质因素对结构安全的影响至关重要，主要通过基岩综合质量来评价。射流对基岩的冲刷过程，从宏观上看主要取决于射流的冲刷能力和基岩的抗冲能力，基岩的抗冲能力实质上就是基岩抵抗破坏的能力，影响基岩抗冲能力主要包括基岩的力学性质、构造特征等方面。影响冲坑深度的主要因素包括单宽流量、上下游水位差、下游水深、入水角度等方面。

建立二滩水电站泄洪消能环境影响综合评价体系结构模型，如图 6.1 所示，层次结构模型从上到下依次为目标层、准则层、指标层和因素层。评价目标为泄洪消能环境影响程度，准则层以环境破坏、社会稳定以及工程运行安全三方面为主，分别包括生态环境、河床演变、生活舒适度以及工程运行安全，指标层为水电站运行时产生的水力学问题，主要包括 TDG 过饱和、雾化、振动以及冲刷。因素层分为水力学、地形地貌、气象等 5 类共 19 个二级指标。

泄洪消能导致环境破坏的因素很多，很多因素之间具有相互影响、相互制约的关系，因而建立指标体系时，并不能由单一的、相互独立的层次结构简单地表示，网络分析法是一种考虑决策属性间依赖性和反馈性的多属性决策方法。因此，采用网络分析法构建评价体系，各因素之间关系采用的网络结构的形式表示，这种评价体系与现实更相符，也更能反映出各因素之间的逻辑关系、因果联系。指标之间复杂的因果关系则通过相关程度计算，极大限度地满足客观性，使之更符合实际情况。

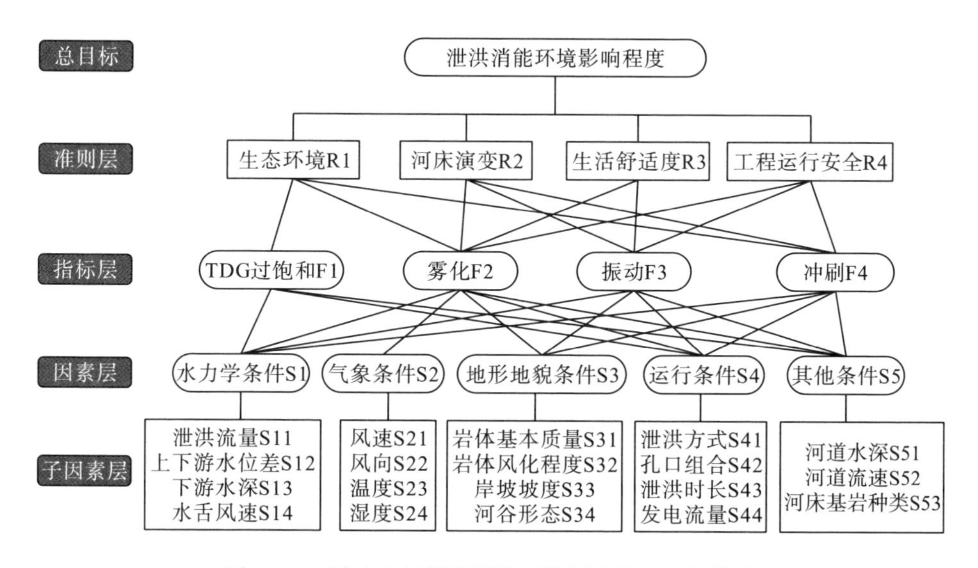

图 6.1　二滩水电站泄洪消能环境影响综合评价体系

2. 指标权重计算

各指标在决策中的地位是不同的，其差异主要表现在各方面决策者对各指标的重视程度不同和各指标在决策中的作用不同，即各指标在决策中给予决策者的信息量不同，各指标评价值的可靠程度不同。因此，在多指标决策中往往都需要给各指标赋一权重描述这些差异。这一权重应像其描述的内容一样，既能反映主观的一面，又能反映客观的一面。根据第 5 章的方法计算指标权重。

由于各准则层计算相似，现以其中水力学条件为例说明计算过程。

步骤 1：决策者根据准则层属性，两两比较信息，构造直觉判断矩阵 Q，并获得规范化得分矩阵 $\overline{S}$（表 6.1）。

$$Q=\begin{bmatrix}(0.500,0.500) & (0.227,0.773) & (0.375,0.625) & (0.119,0.881)\\(0.773,0.227) & (0.500,0.500) & (0.602,0.398) & (0.455,0.545)\\(0.625,0.375) & (0.398,0.602) & (0.500,0.500) & (0.378,0.622)\\(0.881,0.119) & (0.545,0.455) & (0.622,0.378) & (0.500,0.500)\end{bmatrix}$$

表 6.1 二滩水电站规范化得分矩阵 $\bar{S}$

指标层(F)	F1	F2	F3	F4
F1	0	0.685	0.378	1
F2	0.237	1	0	0.682
F3	1	0.456	1	0.741
F4	0.5	0	0.652	0

步骤 2：求解第 4 章模型(M-4)和模型(M-5)，可得到互补判断矩阵属性权重向量的集合(表 6.2)。

表 6.2 二滩水电站指标区间权重

指标区间权重	$\omega_{S11}\in[0.119,0.285]$	$\omega_{S12}\in[0.161,0.198]$
	$\omega_{S13}\in[0.200,0.278]$	$\omega_{S14}\in[0.084,0.100]$
最优属性权重	$\omega_{S1}^{*}=(0.302,0.284,0.264,0.150)^{T}$	

步骤 3：得到各方案的区间综合属性值以及互补判断矩阵的排序向量，如表 6.3 所示。

表 6.3 二滩水电站排序向量

区间综合属性	$\bar{z}_{S1}(\omega_{S11})\in[0.513,0.628]$	$\bar{z}_{S1}(\omega_{S12})\in[0.399,0.468]$
	$\bar{z}_{S1}(\omega_{S13})\in[0.512,0.607]$	$\bar{z}_{S1}(\omega_{S14})\in[0.404,0.528]$
最优属性权重	$\omega_{S1}=(0.323,0.259,0.243,0.175)^{T}$	

获得区间综合属性值 $\bar{z}_i(\omega^*)(i=1,2,\cdots,6)$ 两两比较的可能度，并建立可能度矩阵：

$$B=\begin{bmatrix}0.500 & 0.175 & 0.446 & 0.152\\ 0.824 & 0.500 & 0.725 & 0.680\\ 0.233 & 0.621 & 0.500 & 0.631\\ 0.612 & 0.535 & 0.462 & 0.500\end{bmatrix}$$

步骤 4：计算矩阵一致性，假设 $\lambda=0.5$，$t=1$，根据直觉偏好评价矩阵，可以求得元素权重值，如表 6.4 所示。

表 6.4　二滩水电站水力学因素权重值

	S11	S12	S13	S14
S11	(0.500，0.500)	(0.489，0.501)	(0.427，0.505)	(0.548，0.396)
S12	(0.501，0.489)	(0.500，0.500)	(0.614，0.302)	(0.500，0.458)
S13	(0.505，0.427)	(0.302，0.614)	(0.500，0.500)	(0.721，0.109)
S14	(0.396，0.548)	(0.458，0.500)	(0.109，0.721)	(0.500，0.500)

同理可得气象因素和地形地貌因素的权重值，如表 6.5 和表 6.6 所示。

表 6.5　二滩水电站气象因素权重值

	S21	S22	S23	S24
S21	(0.500，0.500)	(0.589，0.221)	(0.404，0.565)	(0.580，0.410)
S22	(0.221，0.589)	(0.500，0.500)	(0.574，0.262)	(0.207，0.705)
S23	(0.565，0.404)	(0.262，0.574)	(0.500，0.500)	(0.338，0.621)
S24	(0.410，0.580)	(0.705，0.207)	(0.621，0.338)	(0.500，0.500)

表 6.6　二滩水电站地形地貌因素权重值

	S31	S32	S33	S34
S31	(0.500，0.500)	(0.641，0.283)	(0.387，0.505)	(0.512，0.456)
S32	(0.283，0.641)	(0.500，0.500)	(0.238，0.647)	(0.198，0.658)
S33	(0.505，0.387)	(0.647，0.238)	(0.500，0.500)	(0.624，0.233)
S34	(0.456，0.512)	(0.658，0.198)	(0.233，0.624)	(0.500，0.500)

3. 综合评价结果

综合评价模型选取偏丰 30%典型水文年(2008 年)汛期某一时段的洪峰流量为计算工况的控制变量，汛期发电流量波动较小，选取最大保证出力(N_{max}=1000MW，Q_p=2200m^3/s)作为控制发电流量的变量。泄洪建筑物拟定五种工况，分别是：①表孔(S)单独运行；②中孔(U)单独运行；③中(U)、表(S)孔联合运行；④泄洪洞(ST)单独运行；⑤组合(S&U&ST)运行。

泄洪消能的环境影响为多属性评价，包括生态环境、河床演变、生活舒适度以及工程运行安全 4 个属性特点，针对不同的属性，不同方案的影响程度具有一定的差异性。表 6.7 是在生态环境准则下，各方案的综合评价值，运行工况对 TDG 过饱和的影响程度排名为：$C5 \succ C4 \succ C1 \succ C3 \succ C2$，可知组合运行为最不利工况，中、表孔单独运行时产生的 TDG 浓度是最低的。对于雾化的影响，则有 $C3 \succ C5 \succ C1 \succ C2 \succ C4$，中、表孔联合运行对下游的环境影响程度最严重，二滩水电站采用挑流消能，中、表孔联合运行时两股水舌在空中碰撞可以消减大量能量，但是由于碰撞产生水花溅射，水雾扩散面积增大，当下泄流量较大，泄洪时长较长时，容易引起山体滑坡，雨雾弥漫时间增加，对流域生境气候产生不利影响。相对于 TDG 过饱和和雾化现象，冲刷破坏的影响程度相对较小，$C4 \succ C5 \succ C3 \succ C2 \succ C1$，当泄洪洞单独运行时为最不利工况，泄洪洞单独运行，水流射入下游河道，对河道岩体及河床产生冲刷，形成冲坑，冲坑面积和深度随着泄洪流量的增大，泄洪时长的增加而逐渐增加。

表 6.7 二滩水电站生态环境准则下各方案的综合评价值

生态环境(R1)	TDG 过饱和(F1)	雾化(F2)	冲刷(F4)
C1	0.388	0.678	0.274
C2	0.374	0.652	0.287
C3	0.381	0.758	0.301
C4	0.572	0.392	0.528
C5	0.585	0.684	0.496

在河床演变准则下，各工况的综合评价如表 6.8 所示。对于雾化，各工况的排名为：$C3 \succ C5 \succ C4 \succ C1 \succ C2$；泄洪诱发场地振动对河床演变的影响普遍较小，$C5 \succ C3 \succ C1 \approx C4 \succ C2$，在泄洪流量较小的平水年或枯水年，各工况运行产生的振动现象基本不会对河床演变产生影响。冲刷主要是由泄洪洞产生的，因此工况 C4 为较不利运行工况，中、表孔单独运行工况对下游河床演变基本没有影响($C4 \succ C5 \succ C3 \approx C1 \succ C2$)。因此，在泄洪流量较大时，应尽可能避免长时间使用泄洪洞宣泄洪水。值得注意的是，虽然各工况雾化和冲刷对河床演变的评价值较为相似，但是雾化和冲刷准则产生的破坏机理及位置大相径庭，泄洪雾化形成的雨水不仅破坏了植被，侵蚀了地面，而且会侵入岩体内部，削弱岸坡的滑动阻力，引发滑坡；而冲刷是由于高速水流进入下游河道形成易于发生冲蚀破坏的流动形态，起冲能力远大于河床、河岸的抗冲能力，进而对河床及两岸造成严重的冲刷破坏，导致河床变形。

表 6.8　二滩水电站河床演变准则下各方案综合评价值

河床演变(R2)	雾化(F2)	振动(F3)	冲刷(F4)
C1	0.312	0.178	0.274
C2	0.285	0.156	0.261
C3	0.455	0.202	0.276
C4	0.348	0.177	0.532
C5	0.437	0.208	0.428

生活舒适度准则体现了泄洪对人类社会生产生活产生的影响，主要包括雾化和振动两个指标，由表 6.9 可以看出，雾化和振动对生活舒适程度的影响差异较小，各工况的影响程度的排名基本相似，即 $C3 \succ C2 \approx C1 \succ C5 \succ C4$ 。

表 6.9　二滩水电站生活舒适度准则下各方案综合评价值

生活舒适度(R3)	雾化(F2)	振动(F3)
C1	0.522	0.524
C2	0.526	0.530
C3	0.572	0.564
C4	0.356	0.196
C5	0.428	0.339

表 6.10 是在工程运行安全准则下，对各工况的综合评价。从工程运行安全的角度考虑，二滩水电站冲刷的影响程度较小（$C4 \succ C5 \succ C3 \approx C1 \succ C2$），基本不会对工程运行安全造成较大的影响。雾化的影响程度略高于振动破坏。各工况综合排序为：$C5 \succ C3 \succ C1 \succ C2 \succ C4$ 。所有泄洪建筑物组合运行及中、表孔联合运行为较不利工况。对于振动准则，中、表孔联合运行对工程运行安全影响较为严重，泄洪洞单独运行为最佳工况（$C3 \succ C2 \succ C1 \succ C5 \succ C4$）。

表 6.10　二滩水电站工程运行安全准则下各方案综合评价值

工程运行安全(R4)	雾化(F2)	振动(F3)	冲刷(F4)
C1	0.438	0.308	0.108
C2	0.428	0.312	0.096
C3	0.472	0.348	0.109
C4	0.372	0.122	0.306
C5	0.484	0.205	0.268

6.1.3 结果分析

1. 各级指标权重分析

泄洪消能系统是一个多要素、跨学科的复杂巨系统，系统本身受到各要素影响，因此探究评价指标的权重与各级之间的影响程度，对于进一步判断各评价指标对泄洪消能环境影响综合评价总目标的影响，揭示各影响因素与泄洪消能系统之间的内在机理，具有重要意义。图 6.2 是各级指标权重计算对比分析图，对于子因素层，指标的权重向量值各不相同，泄洪流量和孔口组合的权重比较大，对上一级指标层的影响程度较明显。由此可见，水力学条件和运行条件对单项环境影响较大，气象条件与其他条件的重要性相对较小。对于二滩水电站，汛期来流量较大，泄洪引起的雾化和振动现象是较为突出的指标，从而对目标影响较为显著的准则是生态环境、生活舒适程度以及工程运行安全。

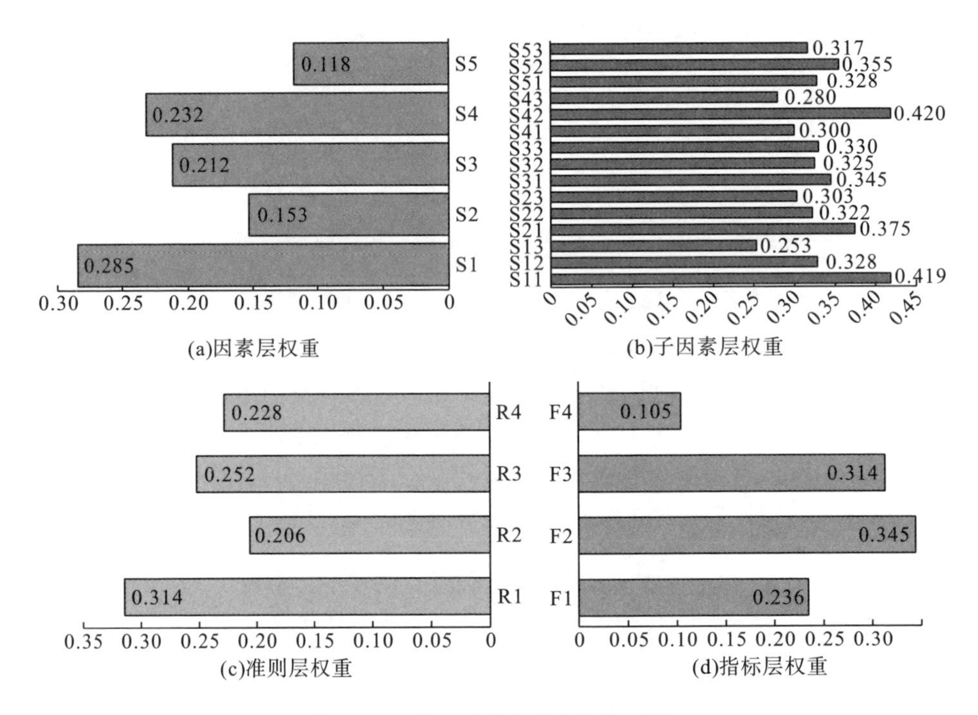

图 6.2 二滩水电站各指标层权重值

2. 准则层评价结果分析

泄洪消能的环境影响为多属性评价，包括生态环境、河床演变、生活舒适度以及工程运行安全四个属性特点，针对不同的属性，不同方案的影响程度具有一定的差异性。图 6.3(a)是在生态环境准则下，各方案的综合评价值以及总体评价结果，运行工况对 TDG 过饱和的影响程度排名为：$C5 \succ C4 \succ C3 \succ C1 \succ C2$，可知联合运行为最不利工况，中、表孔单独运行时产生的 TDG 浓度是最低的。对于雾化的影响，则有$C3 \succ C5 \succ C1 \succ C2 \succ C4$，中、表孔联合运行对下游的环境影响最严重，二滩水电站采用挑流消能，中、表孔联合运行时两股水舌在空中碰撞可以消除大量能量，但是由于碰撞产生水花溅射，水雾扩散面积增大，当下泄流量较大，泄洪时长较长时，容易引起山体滑坡，雨雾弥漫时间延长，对流域生境气候产生不利的影响。相对于 TDG 过饱和和雾化现象，冲刷破坏的影响程度相对较小，$C4 \succ C5 \succ C3 \succ C2 \succ C1$，泄洪洞单独运行为最不利工况，泄洪洞单独运行，水流射入下游河道，对河道岩体及河床产生冲刷，形成冲坑，冲坑面积和深度随着泄洪流量的增大，泄洪时长的延长而逐渐增加。

在河床演变准则下，各工况的排序如图 6.3(b)所示。对于雾化，各工况的排名为：$C3 \succ C5 \succ C4 \succ C1 \succ C2$；泄洪诱发场地振动对河床演变的影响普遍较小，$C5 \succ C3 \succ C1 \approx C4 \succ C2$，在泄洪流量较小的平水年或枯水年，各工况运行产生的振动现象基本不会对河床演变产生影响。冲刷主要影响因素是由泄洪洞产生的，因此工况 4 为最不利工况，中、表孔运行工况对下游河床演变基本没有影响（$C4 \succ C5 \succ C3 \approx C1 \succ C2$）。因此，在泄洪流量较大时，应尽可能地避免长时间使用泄洪洞宣泄洪水。值得注意的是，虽然各工况雾化和冲刷对河床演变的评价值较为相似，但是雾化和冲刷准则产生的破坏机理及位置大相径庭，泄洪雾化形成的雨水不仅破坏了植被，侵蚀了地面，而且会侵入岩体内部，削弱岸坡的滑动阻力，引发了滑坡发生；而冲刷是由于高速水流进入下游河道形成易于发生冲蚀破坏的流动形态，起冲能力远大于河床、河岸的抗冲能力，进而对河床及两岸造成严重的冲刷破坏，导致河床变形现象。

生活舒适度准则体现了泄洪对人类社会生产生活产生的影响，主要包括雾化和振动两个指标，由图 6.3(c)可以看出，雾化和振动对生活舒适程度的影响差异较小，各工况的影响程度的排名基本相似，即$C3 \succ C2 \approx C1 \succ C5 \succ C4$。

图 6.3(d)是在工程运行安全准则下，对各工况的综合评价，对于二滩水电站，从工程运行安全的角度，冲刷的影响程度较小（$C4 \succ C5 \succ C3 \approx C1 \succ C2$），基本不会对工程运行安全造成较大的影响。雾化的影响程度略高于振动破坏。各工况综合排序为：$C5 \succ C3 \succ C1 \succ C2 \succ C4$。所有泄洪建筑物联合运行及中、表孔联合运行为较不利工况。对于振动准则，中、表孔联合运行对工程运行安全影响较为严重，泄洪洞单独运行为最佳工况（$C3 \succ C2 \succ C1 \succ C5 \succ C4$）。

3. 指标层评价结果分析

指标层为泄洪消能单项环境影响属性层，包括 TDG 过饱和、雾化、振动和冲刷，指标层的综合评价具有一定的客观性，主要通过水力学条件、气象条件、地形地貌条件、运行条件以及其他条件评估。图 6.4 是指标层的评价结果，通过雷达图不难发现，因素层的指标对指标层的影响程度非常明显。TDG 过饱和指标评价方面(图 6.4(a))，泄洪流量、上下游水位差以及发电流量是影响 TDG 过饱和的主要指标，不同工况对 TDG 生成释放的影响差异性较小，整体评价结果相对较高，主要原因是泄洪流量较大，并且指标差异性较小，因此综合评价结果为影响较大。雾化指标维度(图 6.4(b))，由于泄洪流量较小，泄洪雾化的影响程度较低，主要的影响因素为水力学条件和运行条件；振动指标维度(图 6.4(c))是泄洪消能单项环境影响评价结果最低的维度，同时因素层指标的评价结果也相对较低，运行条件是对整体影响较为敏感的指标。冲刷方面(图 6.4(d)),各项指标的影响程度均较小，冲刷整体的评价结果为基本无影响。

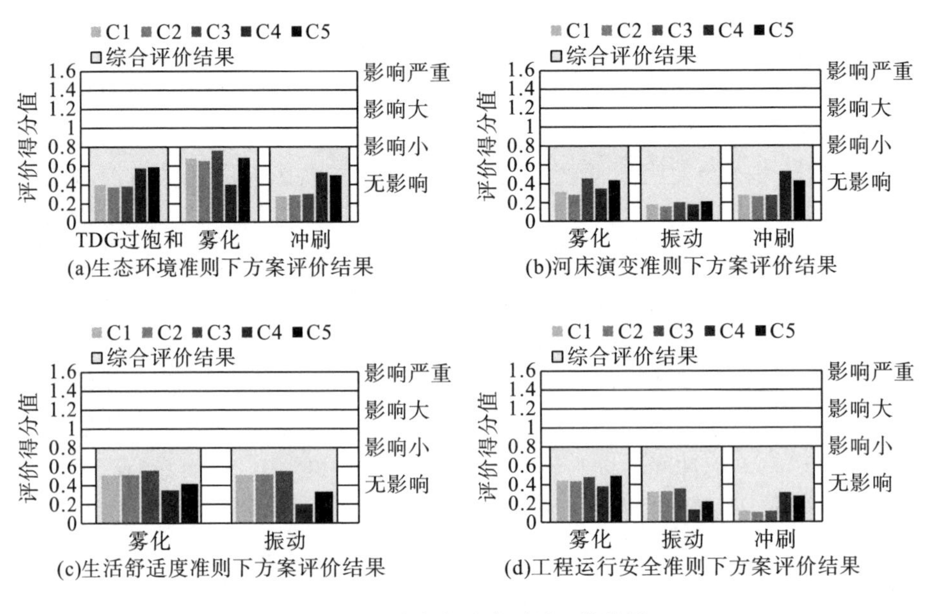

(a)生态环境准则下方案评价结果　(b)河床演变准则下方案评价结果

(c)生活舒适度准则下方案评价结果　(d)工程运行安全准则下方案评价结果

图 6.3　二滩水电站准则层评价结果

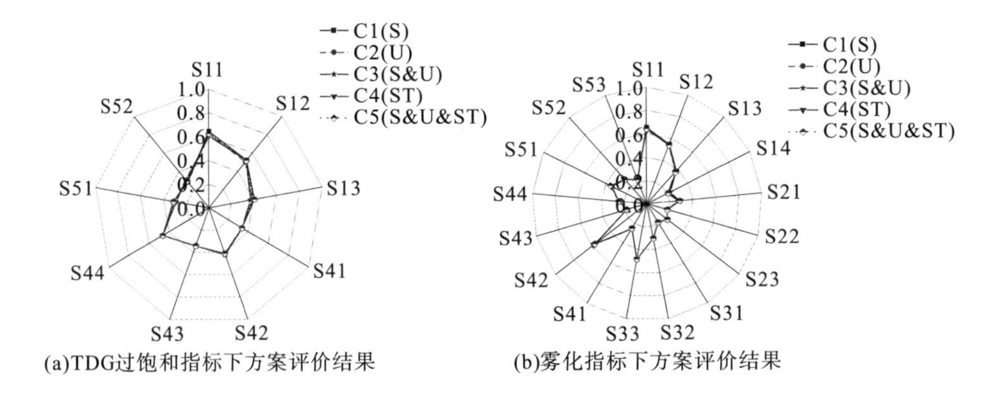

(a)TDG过饱和指标下方案评价结果　(b)雾化指标下方案评价结果

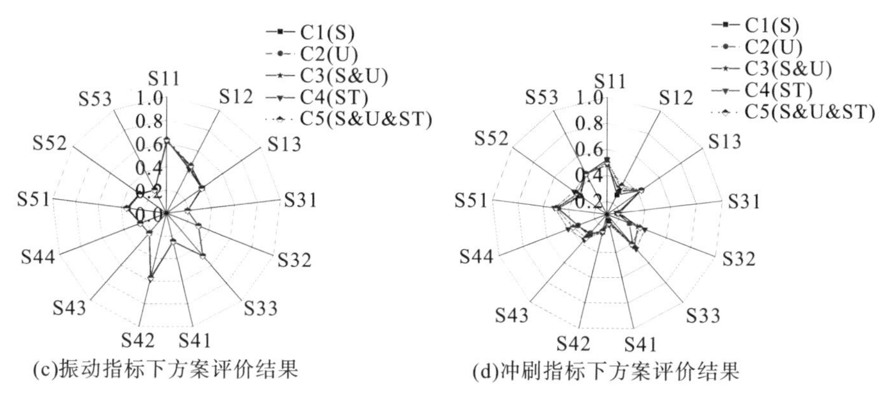

(c)振动指标下方案评价结果　(d)冲刷指标下方案评价结果

图 6.4　二滩水电站指标评价结果(指标层)

6.2　二滩水电站泄洪消能环境影响模拟

本节利用第 5 章所建模型，分别从单项环境影响方面和综合环境影响方面对水电站系统-社会经济-生态环境系统模型进行仿真模拟，对不同的情景及运行工况进行效果评价。结合运行方案的可行性分析，对减缓二滩水电站泄洪消能环境影响的方案进行模拟优选。

6.2.1　情景设计

模拟计算的关键环节是情景设定，评价指标和准则的变化趋势与情景设计合理性息息相关。不同约束条件，综合评价结果呈动态变化的特点，预测运行工况对单项环境影响的演变规律，为环境减缓措施提供合理的建议。

情景计算的输入条件是基础，选择泄洪流量和泄洪建筑物作为输入条件。TDG 过饱和、雾化和振动为输出条件。泄洪流量的选取依据两点内容：①体现流域水文特征。雅砻江流域洪水具有洪峰较低、峰顶流量较大、持续时间较长等特点，多年平均洪峰流量大于 5000m^3/s，最大洪峰流量为 9610m^3/s(1924 年)，模拟洪水流量应涵盖大、中、小三种水文特征；②反映关键指标的影响程度。根据 6.1 节综合评价结果，一级指标层评价准则分别是生态环境和工程运行安全，关键因素选取生态环境和工程运行安全；二级指标层的关键影响因素是 TDG 过饱和、雾化和振动，模拟结果充分反映指标信息变化的特点。综上所述，泄洪流量选择三个区间：较小洪水流量(6000m^3/s 和 8000m^3/s)、常遇洪水流量(10000m^3/s 和 12000m^3/s)以及较大洪水流量 16000m^3/s(p=1%)。

通过系统仿真和综合评价模型拟得到结果为：①二级指标层的单项环境影响预测结果。目的是在不同泄洪建筑物和泄洪流量的情景下，模拟单项环境影响变化特点，重点指标变量有泄洪方式、泄洪流量、TDG 过饱和、雾化降雨强度，消力池脉动压力等指标。②一级指标综合影响的评价计算，在获取二级指标的基础上，采用数学评价模型获得环境综合影响程度最小的工况排序。综上所述，情景工况设计主要包括 5 种泄洪流量和 9 种泄洪建筑物，共计 45 种计算工况，如表 6.11 所示。

表 6.11　二滩水电站泄洪消能情景工况设计

<table>
<tr><th>情景指标</th><th>计算范围</th><th>发电流量/(m^3/s)</th><th>泄洪建筑物</th><th>泄洪流量/(m^3/s)</th></tr>
<tr><td rowspan="3">TDG 过饱和</td><td rowspan="3">坝后 10km</td><td rowspan="8">2200 保证出力 99%以上</td><td>中孔全开</td><td rowspan="8">6000
8000
12000(p=10%)
14600(p=5%)
16000(p=1%)</td></tr>
<tr><td>表孔全开</td></tr>
<tr><td>泄洪洞</td></tr>
<tr><td rowspan="3">雾化</td><td rowspan="3">相对高度 20m</td><td>4 中 4 表</td></tr>
<tr><td>5 中 5 表</td></tr>
<tr><td>中孔+1#泄洪洞</td></tr>
<tr><td rowspan="2">振动</td><td rowspan="2">水垫塘
(0+120)m</td><td>表孔+2#泄洪洞</td></tr>
<tr><td>中、表孔+泄洪洞联合</td></tr>
</table>

注：9 种泄洪建筑物，5 种泄洪量，共计 45 个模拟工况；p 表示洪水频率。

6.2.2　模拟结果分析

1. 二级指标计算

1) TDG 计算结果

图 6.5(a) 是坝后 TDG 浓度的模拟结果趋势，随着泄洪流量的增加，TDG 的浓度呈现上升趋势，当泄洪设施和运行条件一致，下泄流量较大时，坝后 TDG 生成浓度越高。在连续泄洪的运行方式下，坝后 TDG 浓度增长的幅度较大。其中，中孔+泄洪洞联合运行时，TDG 浓度较小。泄洪流量最大($16000m^3/s$)，则坝后 TDG 过饱和程度为影响严重，其中采用中表孔全开泄洪以及联合泄洪生成的 TDG 浓度较大，最大到达 173.2%，为较不利工况。相较于中、表孔联合工况，中孔或表孔全开时 TDG 浓度降低至 169.4%，综合评价结果依然处于影响严重的状态。图 6.5(b) 是坝后距离 10km 断面处 TDG 浓度变化情况，泄洪流量波动较明显，各工况 TDG 生成浓度差异性较小，沿程 TDG 浓度的衰减程度较明显。泄洪流量 $16000m^3/s$，由泄洪洞泄洪时，TDG 浓度最大达到 142.7%，尽管沿程衰减幅度较大，但是对下游河道水环境的影响程度依然处于严重状态；采用 5 中孔和 5 表孔运行，沿程释放水平增加，最大衰减幅度达到 28.6%，模拟结果由影响严重降至影响一般。各工况的 TDG 浓度均呈下降趋势，较有利的工况为中、表孔联合或者中、表孔单独泄洪。当泄流量 $Q<14600m^3/s$，工况为中、表孔联合泄洪时，TDG 浓度降低至 119.5%，计算结果为影响较小，因此中、表孔联合泄洪为影响 TDG 沿程释放的较有利的工况。

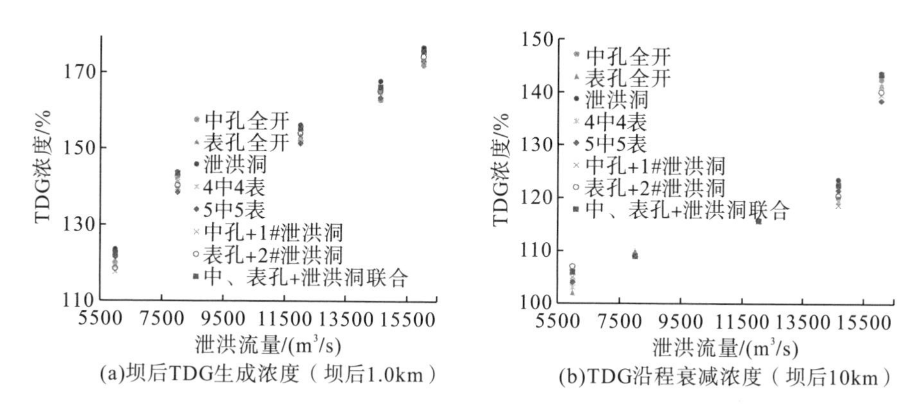

(a)坝后TDG生成浓度（坝后1.0km）　(b)TDG沿程衰减浓度（坝后10km）

图 6.5　二滩水电站 TDG 浓度模拟结果

2）雾化

泄洪雾化现象是二滩水电站运行工况评价的主要指标，也是影响区域气候变化重要的评判内容。图 6.6 为最不利气象条件（风速 1.2m/s，风向），暴雨区和雨雾区的降雨强度。随着泄洪流量增加，各工况在暴雨区和雨雾区的降雨强度均呈增加趋势。对于暴雨区（图 6.6(a)），降雨强度较大，各工况计算差异性明显。当泄洪流量达到百年一遇（$16000m^3/s$）时，5 中 5 表工况产生的泄洪降雨强度最大，到达 366.7mm/h，为最不利工况，对应评价结果为影响一般。三套泄洪措施联合运行时的降雨强度最小，为 284.2mm/h，原因是中、表孔联合泄洪在空中碰撞，水体破碎程度增大，产生雨雾水滴数量增加导致降雨强度增加。采用泄洪洞运行不会产生水舌碰撞，对环境影响程度略小于其他工况。对于雨雾区降雨强度（图 6.6(b)）各工况降雨强度较小，差异性较小，属于小雨范畴（1.5～7.5mm/h），对局地气候影响程度较小。泄洪流量最大（$16000m^3/s$）时，中孔全开或表孔全开的降雨强度最大达到 7.34mm/h，三套泄洪措施联合泄洪时产生的降雨强度最小，为 6.45mm/h，中孔或者表孔与泄洪洞联合的降雨强度较小，对环境影响程度较小。

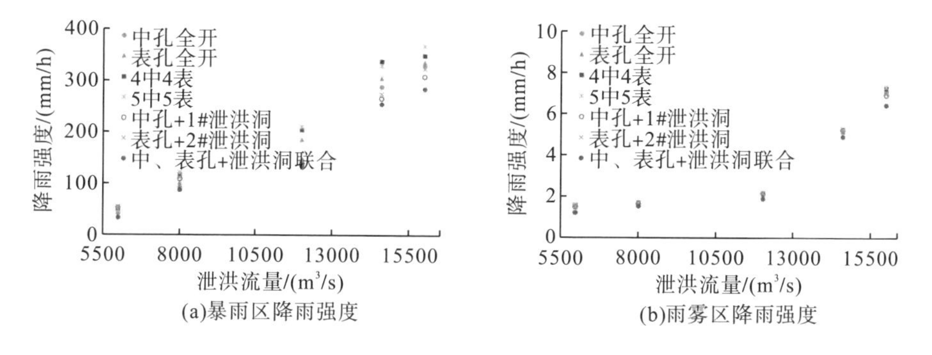

(a)暴雨区降雨强度　(b)雨雾区降雨强度

图 6.6　二滩水电站最不利气象条件暴雨区与雨雾区降雨强度

图 6.7 为最不利气象条件暴雨区和雨雾区降雨范围的计算结果。暴雨区影响范围较小(图 6.7(a)和(b))，当泄洪流量达到百年一遇(16000m³/s)时，中、表孔联合运行产生的泄洪降雨强度最大(366.7mm/h)，纵向范围和横向范围均最大，分别达到 282.5m 和 856.3m。联合泄洪产生的纵向范围和横向范围均为最小(270m 和 250m)。暴雨区降雨范围主要在水垫塘内，因此当泄洪洞参与泄洪时，降雨范围明显减小。雨雾区降雨范围随着泄洪流量的增大而增大(图 6.7(c)和(d))，当泄洪流量最大(16000m³/s)时，中、表孔+泄洪洞联合泄洪引起的降雨纵向范围和横向范围最大(1024m 和 853m)，对局地气候具有一定的影响。中、表孔单独运行时产生的降雨范围最小(纵向范围 957.1m，横向范围 824.2m)，中孔或者表孔单独运行时降雨强度较小，造成不利影响的概率较低。

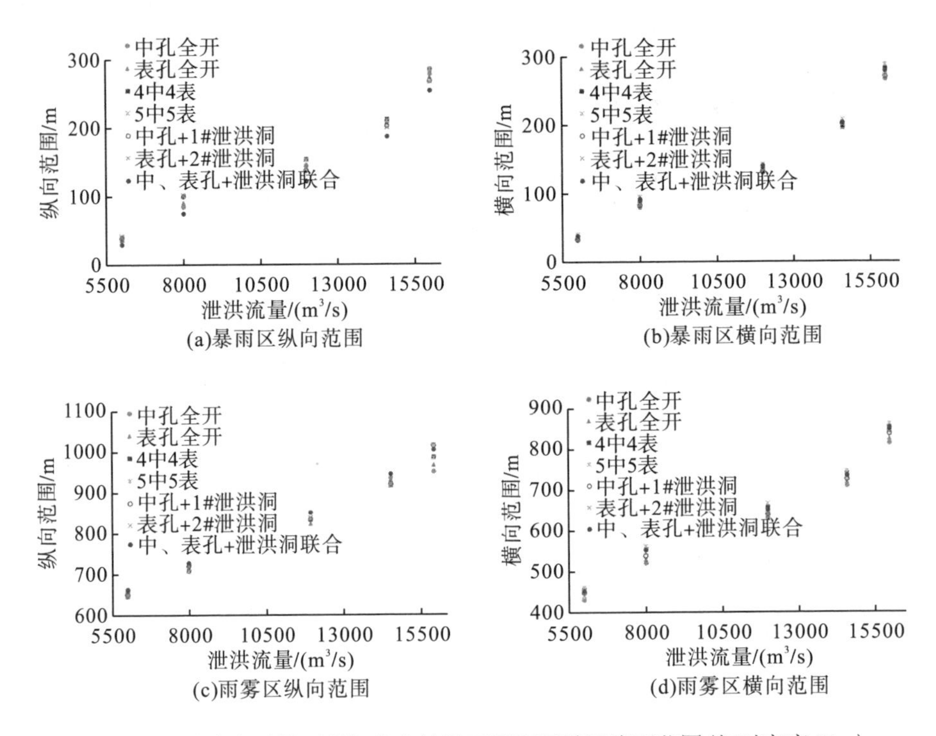

图 6.7 二滩水电站最不利气象条件暴雨区和雨雾区降雨范围(相对高度 20m)

雾化对局地气候的影响除了降雨因素，还包括改变区域湿度和温度两个方面(图 6.8)。模拟结果显示，随着泄洪流量增大，相对湿度和温度差异变得明显。泄洪流量最大，中孔全开工况产生的相对湿度增量最大达到 0.478%，相对温度下降 0.0632°C。各工况引起湿度和温度变幅较小，因此短暂的洪峰来流引起泄洪雾化对局地气候变化的影响程度较小。

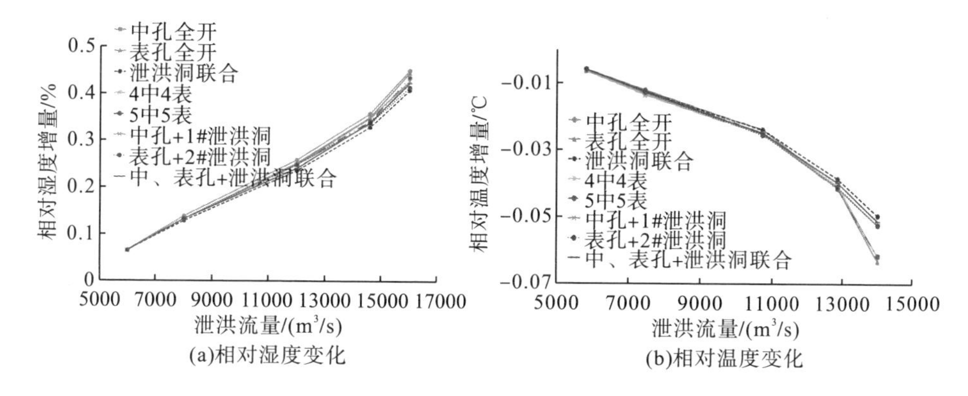

(a)相对湿度变化 (b)相对温度变化

图 6.8 二滩水电站雾化引起相对湿度和相对温度变化模拟结果

3) 振动和冲刷模拟结果

图 6.9 中，当泄洪流量较大时(16000m^3/s)，仅采用表孔宣泄洪水时，消能设施底板产生的冲击动水压力最大达到 4.8×9.81kPa，与中孔或者表孔运行的工况相比，中、表孔联合运行时产生的冲击水压力较小，中、表孔+泄洪洞联合运行的动水压力为最小，为 1.93×9.81kPa，空中对撞消能可很好地解决水垫塘底板冲击动水压力过大的问题，大流量持续泄洪，对水垫塘底板持续产生冲击不利于工程运行安全。在所模拟的情景工况中，水垫塘底板冲击动水压力都低于标准规定的允许值 15×9.81kPa，并且冲击动水压力分布较均匀，二滩水电站在振动和冲刷准则层面是安全的，极端情景的影响程度较小。在较大流量的情况下，中、表孔+泄洪洞的工况是对工程安全运行较为有利的工况之一。

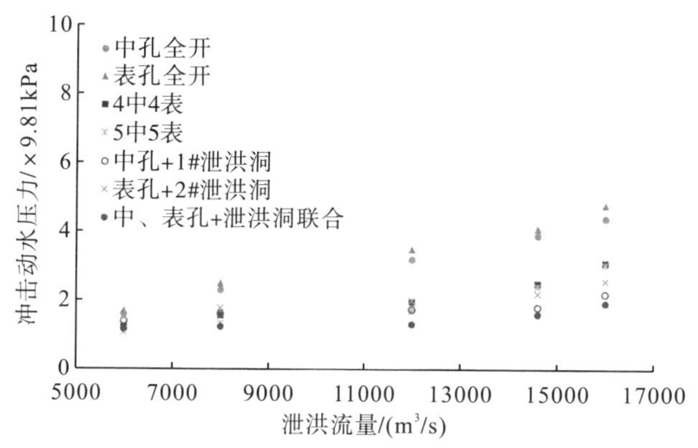

图 6.9 二滩水电站水垫塘底板冲击动水压力特征

2. 一级指标综合评价

通过直觉模糊评价模型对各工况一级准则综合影响等级进行计算，生态环境准则层关键影响指标是 TDG 过饱和和雾化。泄洪雾化，各工况的降雨强度均较小，对区域环境影响程度较小；中、表孔联合运行对降雨范围影响程度较大，中、表孔+泄洪洞联合的运行方式对纵向范围影响程度较大，因此当其他运行条件相同、泄洪流量较大时，较不利的工况是中、表孔全孔运行，对下游环境影响等级为影响较小(表 6.12)。对于 TDG 过饱和指标，当泄洪流量较大，各工况 TDG 生成浓度和衰减浓度对下游环境的影响程度均为影响严重，因此运行工况选择为中、表孔联合运行或者分别单独运行，对 TDG 过饱和的影响程度相对较小，为最优工况；当泄洪流量较小时，各工况 TDG 衰减浓度对下游环境的影响程度均为影响较小，最优工况为表孔全开或中、表孔联合运行(表 6.13)。

工程运行安全准则层关键影响指标是雾化和振动。振动影响方面，各工况水垫塘底板冲击压力均满足设计安全要求，在较大流量的情况下，中、表孔联合泄洪是对工程安全运行较为有利的工况。

表 6.12 雾化影响较小的运行方式(高度 20m)

出库流量/(m^3/s)	泄洪流量/(m^3/s)	泄洪建筑物选择	雨雾区降雨强度/(mm/h)	纵/横向范围/m	影响程度
$Q_{出库}\leqslant 8200$	$Q\leqslant 6000$	表孔+2#泄洪洞			
$8200<Q_{出库}\leqslant 10200$	$6000<Q\leqslant 8000$	中孔全开+1#泄洪洞	<5	<851(纵向) <641(横向)	无影响(Ⅴ)
$10200<Q_{出库}\leqslant 12400$	$8000<Q\leqslant 12000$	中、表孔全开+泄洪洞			
$12400<Q_{出库}\leqslant 16800$	$12000<Q\leqslant 14600$	中、表孔全开	<8	<1015(纵向) <870(横向)	影响较小(Ⅳ)
$Q_{出库}=18400$	$Q=16000$				

表 6.13 TDG 影响较小的运行方式(坝后 10km)

出库流量/(m^3/s)	泄洪流量/(m^3/s)	泄洪建筑物选择	TDG 浓度/%	影响程度
$Q_{出库}\leqslant 8200$	$Q\leqslant 6000$			
$8200<Q_{出库}\leqslant 10200$	$6000<Q\leqslant 8000$	表孔全开/中、表孔联合	<115	影响较小(Ⅳ)
$10200<Q_{出库}\leqslant 12400$	$8000<Q\leqslant 12000$			
$12400<Q_{出库}\leqslant 16800$	$12000<Q\leqslant 14600$	中、表孔全开+泄洪洞	<120	影响一般(Ⅲ)
$Q_{出库}=18400$	$Q=16000$	中孔/表孔/中、表孔联合+泄洪洞	<140	影响较大(Ⅱ)

6.2.3 环境影响减缓措施

1. 二级指标影响减缓措施

1) TDG 过饱和影响减缓措施

基于 TDG 生成准则和指标信息，与高坝泄洪有关的 TDG 过饱和控制措施包括工程技术和非工程技术。工程措施主要包括优化泄洪建筑物和消能结构，对减缓坝后 TDG 过饱和效果明显。但这些方法大多适用于低坝工程，高坝工程的可行性较低，同时安全性较差。非工程措施包括合理的水库调节方案降低坝后 TDG 生成浓度。根据对模拟情景工况评价结果，在汛期发电流量波动较小的情况下，降低 TDG 浓度的关键因素有两个：①采用动态水位调节来控制水库水位，可以减小 TDG 过饱和程度对下游水生生态环境的累积影响，同时为河道鱼类提供规避时间。②在泄洪建筑物选择方面，运行方案选择中孔和表孔，可以减缓水垫塘中 TDG 的浓度。

当泄水过程中随流速增加和冲击动水压力减弱，下泄水体内 TDG 过饱和达到较高的程度，在下游河道水流流动中，TDG 过饱和的释放过程相对缓慢，对于河道中的水生动物尤其鱼类的健康具有潜在的累积影响，因此需要人为的活动干预 TDG 浓度。对于天然河道中 TDG 的释放程度，常用的缓解措施也可分为两类：工程方法和非工程方法。工程措施主要是指通过工程建筑物或设备来降低 TDG 浓度，如在河道中增设曝气装置等方式。非工程手段主要包括混掺 TDG 浓度较低的水体。从实际运行中发现下游支流的汇入对主河道 TDG 过饱和具有明显的缓释作用。因此，支流汇入对河道主流 TDG 过饱和有显著缓释作用。因此，增加支流流量可以增加 TDG 的释放。

2) 雾化降雨影响缓释措施

挑流消能引起水电站建筑物下游局部地区雾化在当前水电站运行中是不可避免的现象，并由此带来一系列复杂的环境问题，在极端条件下甚至会影响工程运行安全。泄流雾化的特征可以从程度和范围两个方面进行描述。对于二滩水电站，在浓雾区，左岸的尾洞交通洞出口受到雾化影响较为严重，应该采用适当的措施加固。雾化区范围内两边岸坡的岩土体需要加强防护，沿着水流方向增加设置一些排水防护措施。两侧中、表孔联合泄洪时，水舌相互碰撞，水体冲击两岸，影响岸坡稳定性，因此需要对岸坡加以保护。在丰水年汛期，选择中孔或者表孔运行，泄洪引起的雾化程度相对较小，其范围和降雨强度对下游区域影响程度也相对较小。如果选择中、表孔联合运行，则雾化降雨的横向范围增加，降雨强度增大，泄洪雾化对区域环境的影响范围增加。同时，连续泄洪不利于雨雾消散，容易造成累积影响。当采用泄洪洞泄洪时，由于其水头较低，产生的雾化程度较轻。消能建筑结构安全方面，尽管当前边坡整体结构处于稳定状态，但是依然需要对水垫塘附近的岸坡采取防洪措施，泄流雾化程度较低。雾化对岸坡的影响主要发生在自然岸坡，原因是表面风化程度较高的岩土体结构容易产生滑动。因此，加强在汛期运行的监测、提前预警等科学管理措施，定期检查并处理事故，雾化影响区域的岸坡稳定程度不会受到威胁和破坏。

2. 一级指标影响减缓措施

1) 生态环境

泄洪雾化强降雨对岸坡稳定性、岩体坍塌滑落等灾害现象影响较突出。为有效地防止滑坡、泥石流等灾害和保证电站的正常运行，制定并及时实施相应的防护工作，以期实现“零风险、零灾害、零损失”的环境综合效益目标。主要防护工作有：将泄洪雾化影响区域按照边坡稳定程度划分为安全区、风险区、高风险区等区域，实时关注高风险的岸坡失稳和岩土体坍塌等危险事故，并针对不同的风险区采取相应的防护措施和工程。对库区周边岸坡岩体软弱层区域制订防止水土流失的计划，提高工程区域植被覆盖程度。

2)工程运行安全

泄洪和消能设施长期安全稳定运行是水利工程持续发展的重要保障。二滩水电站库区内无较大破碎构造带，雾化影响区域内的岩土体质量较高，结构较稳定，岸坡浅层随机散布着较小结构的破碎带。从岸坡稳定性分析，雾化降雨影响程度较大的区域，保护结构安全的方式有三种：一是框格梁混凝土封闭防护措施，在坡面加设护坡框架和排水设施，并在坡面框架中喷混凝土封闭；二是利用钢筋网加混凝土防护；三是采用被动保护网措施，防止风化程度较高的岩土石块崩塌滑落，对消能建筑物及相关设施产生破坏。

现有水利工程环境影响评价技术导则及法规的应用，对确保工程环境管理和评估决策起到了很好的规范作用。为进一步加强水生态环境安全监督管理，需要完善和修订环境评价导则中关于泄洪消能环境影响评价的内容。

第一，泄洪雾化。规定雾化降雨强度等级，并提出泄洪雾化防护的一般性原则和要求，如表 6.14 所示。

表 6.14　泄洪雾化等级划分及防护要求

等级	12h 雨量/mm	平均降雨强度/(mm/h)	对水电站正常运行、岸坡稳定、交通及周边环境影响程度	防护一般性原则和要求
I	<120	<10	危害性小	降雨强度小于天然降雨中大暴雨等级，防护方法类同于自然降雨的防护方法
II	120～500	10～50	危害性较小	防护措施类同于自然降雨中的大暴雨和特大暴雨的防护方法；工作和生活区等不能布置在影响范围之内
III	500～2000	50～200	危害性较大	①水电站厂房、开关站等建筑物及附属设施增设排水措施；②泄洪时雨区内限制人员和车辆通行
IV	2000～6000	200～600	危害性大	①水电站厂房、开关站、高压线和水电站出线口等建筑物均不能布置该雨区内；②交通洞进出口和公路等建筑物的布置需要尽量避开影响区域或设置防护廊道；③泄洪时雨区内禁止人员和车辆通行
V	>6000	>600	危害性很大	①影响区内的两岸坡重点护坡保护；②水电站厂房、开关站等建筑物及附属设施均不能布置影响范围内；③泄洪时雨区内禁止人员和车辆等通行

第二，泄洪 TDG 过饱和。补充坝前和坝后 TDG 浓度等级阈值，并提出缓释 TDG 浓度的一般性措施和要求，如表 6.15 所示。

表 6.15　泄洪 TDG 过饱和等级划分及防护要求

等级	坝前 TDG 浓度/%	坝后 TDG 浓度/%	对水生生态环境影响程度	缓释措施和要求
Ⅰ	<110	<110	危害性小	不需要防护措施，实时观测
Ⅱ	110～120	110～130	危害性较小	根据工程特点优化调整运行方式
Ⅲ	120～130	130～150	危害性较大	①根据工程特点优选泄洪建筑物、优化调度方式；②避免连续、长时间的宣泄大流量洪水，尽量采用间歇式泄洪方式
Ⅳ	>130	>150	危害性大	①根据工程特点优选泄洪建筑物、分散泄洪方式、动态汛限调度方式；②避免连续、长时间的宣泄大流量洪水；③对局部重点区域实施曝气、布置阻水介质等措施；④加大增殖放流力度，增加鱼类种类和尾数

6.3　向家坝水电站泄洪消能环境影响综合评价

6.3.1　工程概况

向家坝水电站是金沙江下游河段规划的最末一个梯级，坝址位于四川省宜宾县和云南省水富市之间。电站下距宜宾市 33km，离水富县城 1km。电站的开发任务以发电为主，同时改善上、下游通航条件，结合防洪和拦沙，兼顾灌溉，并且具有为上游梯级进行反调节的作用。

向家坝水电站坝址控制流域面积 45.88 万 km^2，占金沙江流域面积的 97%。坝址多年平均流量 $4570m^3/s$。该工程枢纽 500 年一遇设计洪水洪峰流量(p=0.2%) $41200m^3/s$，5000 年一遇校核洪水洪峰流量(p=0.02%) $49800m^3/s$。

向家坝水电站正常蓄水位 380.00m，总库容 51.59 亿 m^3，调节库容 9.03 亿 m^3，电站装机容量 6000MW，两岸厂房各安装 4 台 750MW 机组，通航建筑物航道等级为Ⅳ级。水电站主要由挡水建筑物、泄洪排沙建筑物、左岸坝后引水发电系统、右岸地下引水发电系统、通航建筑物及灌溉取水口等组成。其中，水电站厂房分列两岸布置，泄洪建筑物位于河床中部略靠右岸，一级垂直升船机位于左岸坝后厂房左侧，冲砂孔坝段位于升船机坝段左侧，左岸灌溉取水口位于左岸岸坡坝段，右岸灌溉取水口位于右岸地下厂房进水口右侧。最大坝高 162m，坝顶长度 909.26m；两岸厂房各装 4 台 750MW 机组，地下厂房跨度 33m；一级垂直升船机最大提升高度 114.20m。

泄洪坝段由 12 个表孔+10 个中孔组成，表孔和中孔间隔布置。表孔采用开敞式 WES(waterways experiment station，WES)堰，堰顶高程 354.00m，定型设计水头 26.00m，每孔净宽 8.00m，采用弧形工作门，工作门上游布置一道平板检修门。由于表孔泄洪下游堰面流速超过 30m/s，为避免空蚀，在溢流面直线段 310m 高程附近设置掺气槽。

中孔孔口尺寸为 6.00m×9.60m(宽×高)，进口底板高程 305.00m，有压段末端布置弧形工作门，工作门上游设置事故检修门，进口设检修门。

小流量泄洪时表孔和中孔均可单独开启泄洪，大洪水时表孔和中孔联合泄洪。根据水工模型试验成果，表孔出口坎顶高程 261.00m，平角，两侧对称各收缩 1.00m，收缩段长 20.00m；中孔出口坎顶高程 253.00m，平角，坝面中隔墙厚度 3.0m，墙顶高程 271.00m。

向家坝水电站泄洪消能设计的主要特点是高水头、大单宽流量、多泥沙。另外，由于向家坝水电站右岸局部泄水坝段存在深层滑动的地质背景，消能建筑物的破坏将直接关系到整个水电站的安全。因此，泄水坝段下游消力池底板的洪水标准与挡水建筑物相同，即设计洪水重现期采用 500 年，校核洪水重现期采用 5000 年。

下游消能建筑物紧邻水富县城和大型企业云南天然气化工厂，应尽可能减轻泄洪消能对环境带来的影响。

6.3.2 综合评价

1. 权重计算

由于各准则层计算相似，以水力学条件为例说明计算过程。

步骤 1：决策者根据准则层属性，进行两两信息比较，构造直觉判断矩阵 Q，并获得规范化得分矩阵 $\overline{S}$ (表 6.16)。

$$Q=\begin{bmatrix} (0.500,0.500) & (0.127,0.653) & (0.285,0.701) & (0.112,0.737) \\ (0.653,0.127) & (0.500,0.500) & (0.602,0.398) & (0.455,0.545) \\ (0.701,0.285) & (0.398,0.602) & (0.500,0.500) & (0.378,0.622) \\ (0.737,0.112) & (0.545,0.455) & (0.622,0.378) & (0.500,0.500) \end{bmatrix}$$

表 6.16 向家坝水电站规范化得分矩阵 $\overline{S}$

准则层(F)	F1	F2	F3	F4
F1	0	0.722	0.378	1
F2	0.185	1	0	0.548
F3	1	0.566	1	0.707
F4	0.5	0	0.721	0

步骤 2：求解第 4 章模型(M-4)和模型(M-5)，可得到互补判断矩阵属性权重向量的集合，如表 6.17 和表 6.18 所示。

表 6.17　向家坝水电站指标区间权重

指标区间权重	$\omega_{S11}\in[0.218,0.045]$	$\omega_{S12}\in[0.262,0.098]$
	$\omega_{S13}\in[0.185,0.177]$	$\omega_{S14}\in[0.124,0.241]$
最优属性权重	$\omega_{S1}^{*}=(0.331,0.218,0.252,0.199)^{T}$	

步骤 3：得到各方案的区间综合属性值以及互补判断矩阵的排序向量，如表 6.18 所示。

表 6.18　向家坝水电站排序向量

区间综合属性	$\bar{z}_{S1}(\omega_{S11})\in[0.422,0.548]$	$\bar{z}_{S1}(\omega_{S12})\in[0.198,0.622]$
	$\bar{z}_{S1}(\omega_{S13})\in[0.421,0.455]$	$\bar{z}_{S1}(\omega_{S14})\in[0.373,0.481]$
最优属性权重	$\omega_{S1}=(0.315,0.240,0.237,0.208)^{T}$	

获得区间综合属性值 $\bar{z}_i(\omega_*)(i=1,2,\cdots,6)$ 两两比较的可能度，并建立可能度矩阵：

$$B=\begin{bmatrix}0.500 & 0.221 & 0.364 & 0.284\\ 0.729 & 0.500 & 0.644 & 0.527\\ 0.197 & 0.620 & 0.500 & 0.448\\ 0.482 & 0.287 & 0.328 & 0.500\end{bmatrix}$$

步骤 4：计算矩阵一致性，假设 $\lambda=0.5,t=1$，根据直觉偏好评价矩阵，可以求得元素权重值，如表 6.19 所示。

表 6.19　向家坝水电站水力学因素权重值

	S11	S12	S13	S14
S11	(0.500，0.500)	(0.489，0.501)	(0.427，0.505)	(0.548，0.396)
S12	(0.501，0.489)	(0.500，0.500)	(0.614，0.302)	(0.500，0.458)
S13	(0.505，0.427)	(0.302，0.614)	(0.500，0.500)	(0.721，0.109)
S14	(0.396，0.548)	(0.458，0.500)	(0.109，0.721)	(0.500，0.500)

同理可得气象条件和地质条件的权重值，如表 6.20 和表 6.21 所示。

表 6.20 向家坝水电站气象因素权重值

	S21	S22	S23	S24
S21	(0.500，0.500)	(0.589，0.221)	(0.404，0.565)	(0.580，0.410)
S22	(0.221，0.589)	(0.500，0.500)	(0.574，0.262)	(0.207，0.705)
S23	(0.565，0.404)	(0.262，0.574)	(0.500，0.500)	(0.338，0.621)
S24	(0.410，0.580)	(0.705，0.207)	(0.621，0.338)	(0.500，0.500)

表 6.21 向家坝水电站地质地貌因素权重值

	S31	S32	S33	S34
S31	(0.500，0.500)	(0.641，0.283)	(0.387，0.505)	(0.512，0.456)
S32	(0.283，0.641)	(0.500，0.500)	(0.238，0.647)	(0.198，0.658)
S33	(0.505，0.387)	(0.647，0.238)	(0.500，0.500)	(0.624，0.233)
S34	(0.456，0.512)	(0.658，0.198)	(0.233，0.624)	(0.500，0.500)

2. 综合评价结果

综合评价模型以选取丰水 30%典型水文年汛期某一时段的洪峰流量汛期发电流量波动较小，选取最大保证出力作为控制发电流量的变量。泄洪建筑物拟定 3 种工况：①表孔(S)单独运行；②中孔(U)单独运行；③中(U)、表(S)孔联合运行。向家坝泄洪消能的环境影响主要通过生态环境、河床演变、生活舒适度以及工程运行安全四个属性特点来表示，针对不同的属性，不同方案的影响程度具有一定的差异性。表 6.22 是在生态环境属性下，各方案的综合评价值，运行工况对 TDG 过饱和的影响程度排名为：$C3 \succ C1 \succ C2$，可知联合运行为最不利工况，中、表孔单独运行时产生的 TDG 浓度是最低的。对于雾化的影响，则有 $C1 \succ C2 \succ C3$，各个工况产生的雾化影响程度均较小，向家坝水电站采用底流消能，雾化对下游的影响非常小，因此可以认为该工程的雾化对流域生境气候不会产生较为不利的影响。与雾化现象类似，冲刷破坏的影响程度也相对较小，各工况的影响程度相差较小，故也可认为冲刷对下游河床的影响较小。因此，在生态准则评价过程中，主要考虑 TDG 过饱和对生态环境的影响程度。

表 6.22 向家坝水电站生态环境准则下各方案综合评价值

生态环境(R1)	TDG 过饱和(F1)	雾化(F2)	冲刷(F4)
C1	0.348	0.133	0.223
C2	0.339	0.130	0.221
C3	0.412	0.128	0.220

在河床演变准则下，各工况的排序如表 6.23 所示。对于雾化，各工况的排名为：$C3 \succ C1 \succ C2$；泄洪诱发场地振动对河床演变的影响普遍较小，$C3 \succ C2 \succ C1$，在泄洪流量较小的平水年或枯水年，各工况运行产生的振动现象基本不会对河床演变产生影响。冲刷主要影响评价中、表孔联合运行工况，对下游河床演变基本没有影响（$C3 \succ C2 \succ C1$）。

表 6.23　向家坝水电站河床演变准则下各方案综合评价值

河床演变(R2)	雾化(F2)	振动(F3)	冲刷(F4)
C1	0.112	0.143	0.208
C2	0.110	0.145	0.211
C3	0.114	0.148	0.212

生活舒适度准则体现了泄洪对人类社会生产生活的影响，主要包括雾化和振动两个指标，由表 6.24 可以看出，雾化对生活舒适度的影响差异较小，各工况的影响程度的排名基本相似，即 $C3 \succ C1 \succ C2$。而振动对周围环境的影响则比较严重，各工况的影响程度都比较大，究其原因，主要是向家坝水电站泄洪消能过程中，由于中孔和表孔泄槽内和消力池中水流的强烈紊动和剧烈脉动，会在中孔和表孔的隔墙和消力池边墙及其底板产生一定的水流冲击和脉动荷载。这种持续性的水流冲击作用下会导致泄洪建筑物产生流激振动，形成类似地震震源的振动源，进而引起的扰动由近及远地传播，会伴生一定的地震效应。地震波在岩体内传播，并到达地表形成随机而又持续性的地面振动，在附近地表及建筑物等部位会产生不同程度的振动反应。

表 6.24　向家坝水电站生活舒适度准则下各方案综合评价值

生活舒适度(R3)	雾化(F2)	振动(F3)
C1	0.286	0.524
C2	0.285	0.530
C3	0.288	0.548

表 6.25 是在工程运行安全属性下，对各工况的综合评价，对于向家坝水电站，从工程运行安全的角度，冲刷的影响程度较小（$C1 \succ C2 \succ C3$），基本不会对工程运行安全造成较大的影响。雾化的影响程度低于振动破坏。各工况综合排序为：$C3 \succ C2 \succ C1$。所有泄洪建筑物联合运行为较不利工况。对于振动准则，中、表孔联合运行对工程运行安全影响较为严重，泄洪洞单独运行为最佳工况（$C3 \succ C2 \succ C1$）。

表 6.25 向家坝水电站工程运行安全准则下各方案综合评价值

工程运行安全(R4)	雾化(F2)	振动(F3)	冲刷(F4)
C1	0.278	0.310	0.204
C2	0.274	0.322	0.198
C3	0.284	0.348	0.196

6.3.3 结果分析

1. 各级指标权重分析

泄洪消能系统是一个多要素、跨学科的复杂巨系统，系统本身受到各要素影响，因此探究评价指标的权重与各级之间的影响程度，对于进一步评判各评价指标对泄洪消能环境影响综合评价总目标的影响、揭示各要素与系统之间的内在机理具有重要的意义。图 6.10 是各级指标权重计算对比分析图，对于子因素层，指标的权重向量值各不相同，水力学条件下，泄洪流量和上下游水位差的权重比较大，运行工况最重要的影响因素是孔口组合。由此可见，水力学条件和运行条件对单项环境影响较大，气象条件与其他条件的重要性相对较小。泄洪引起的 TDG 过饱和程度和振动现象是较为突出的指标，因此对总目标影响较为显著的准则是生态环境、生活舒适程度以及工程运行安全。

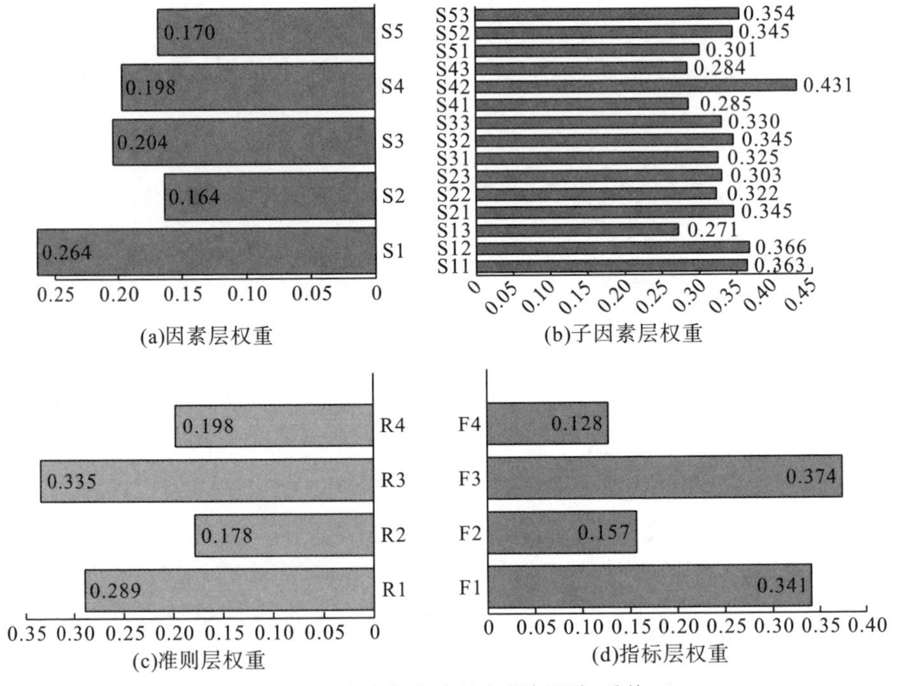

图 6.10 向家坝水电站各指标层权重值

2. 准则层评价结果分析

图 6.11(a)是在生态环境准则下，各方案的综合评价值，运行工况对 TDG 过饱和的影响程度排名为：$C3 \succ C2 \succ C1$，可知联合运行为最不利工况，中孔和表孔单独运行时产生的 TDG 浓度是最低的。对于雾化的影响，则有$C1 \approx C3 \approx C2$，各个工况产生的雾化影响程度均较小，向家坝水电站采用底流消能，雾化对下游的影响非常小，因此可以认为该工程的雾化对流域生境气候不会产生较为不利的影响。与雾化现象类似，冲刷破坏的影响程度也相对较小，各工况的影响程度相差较小，故也可认为冲刷对下游河床的影响较小。因此在生态环境准则评价过程中，主要考虑 TDG 过饱和对生态环境的影响程度。

在河床演变准则下，各工况的评价值如图 6.11(b)所示。对于雾化，各工况的排名为：$C3 \succ C1 \approx C2$；泄洪诱发场地振动对河床演变的影响普遍较小，$C3 \approx C2 \approx C1$，在泄洪流量较小的平水年或枯水年，各工况运行产生的振动现象基本不会对河床演变产生影响。而冲刷影响评价，中、表孔运行工况对下游河床演变基本没有影响($C3 \approx C2 \approx C1$)。

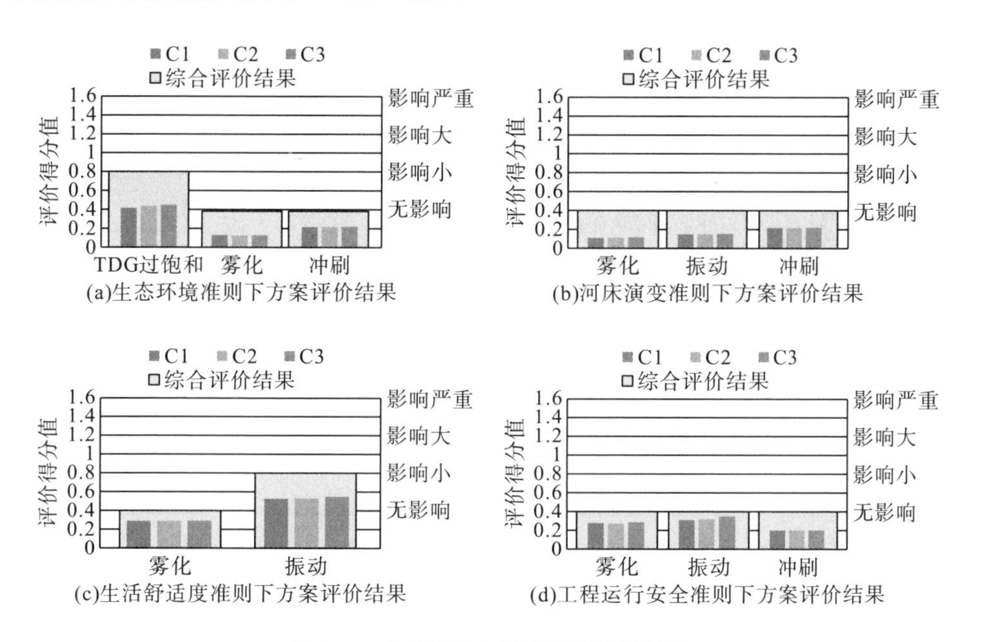

图 6.11　向家坝水电站准则层评价结果

生活舒适度准则体现了泄洪对人类社会生产生活产生的影响，主要包括雾化和振动两个指标，由图 6.11(c)可知，雾化对生活舒适度的影响差异较小，各工况影响程度的排名基本相似，即$C3 \approx C2 \approx C1$。而振动对周围环境的影响则比较严重，各工况的影响程度都比较大，究其原因，主要是向家坝水电站泄洪消能过程中，由于中、表孔泄槽内和消力池中水流的强烈紊动和剧烈脉动，会在中、表孔的隔墙和消力池边墙及其底板产生一定的水流冲击和脉动荷载。这种持续性的水流冲击作用会导致泄洪建筑物产生流激振动，形成类似地震震源的振动源，进而引起扰动由近及远地传播，会伴生一定的地震效应。地震波在岩体内传播，并到达地表形成随机而又持续性的地面振动，在附近地表及建筑物等部位会产生不同程度的振动反应。

在工程运行安全属性下，对各工况的综合评价从工程运行安全的角度来看，冲刷的影响程度较小（$C1 \approx C2 \approx C3$），基本不会对工程运行安全造成较大的影响。雾化的影响程度低于振动破坏。各工况综合排序为：$C3 \succ C1 \succ C2$。所有泄洪建筑物联合运行为较不利工况。对于振动准则，中、表孔联合运行对工程运行安全影响较为严重，泄洪洞单独运行为最佳工况（$C3 \approx C2 \approx C1$）。

3. 指标层评价结果分析

指标层为泄洪消能单项环境影响属性层，包括 TDG 过饱和、雾化、振动和冲刷，指标层的综合评价具有一定的客观性，主要通过水力学条件、气象条件、地形地貌条件、运行条件以及其他条件进行评价。图 6.12 是指标层的评价结果，通过雷达图不难发现，因素层的指标对指标层的影响程度非常明显。TDG 过饱和指标评价方面(图 6.12(a))，泄洪流量、上下游水位差以及泄洪时长是影响 TDG 过饱和的主要指标，不同工况对 TDG 生成释放的影响差异性较小，整体评价结果相对较高，主要原因是泄洪流量较大，并且指标差异性较小，因此综合评价结果为影响较大。雾化指标维度(图 6.12(b))，由于泄洪流量较小，泄洪雾化的影响程度较低，主要的影响因素为水力学条件和运行条件；振动指标维度(图 6.12(c))是泄洪消能单项环境影响评价结果最低的维度，同时因素层指标的评价结果也相对较低，运行条件是对整体影响较为敏感的指标。冲刷方面(图 6.12(d)),各项指标的影响程度均较小，冲刷整体的评价结果为基本无影响。

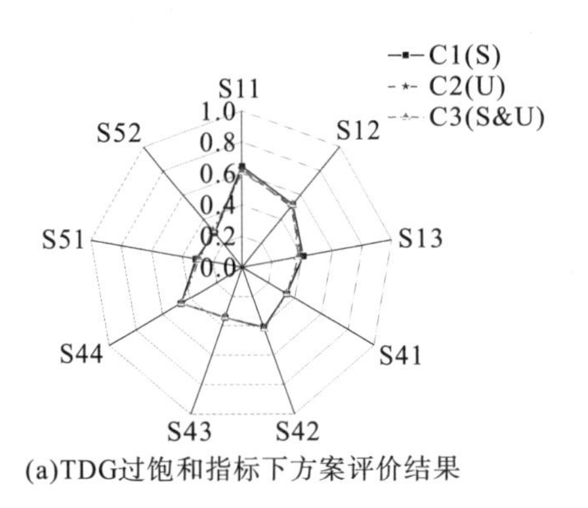

(a)TDG过饱和指标下方案评价结果

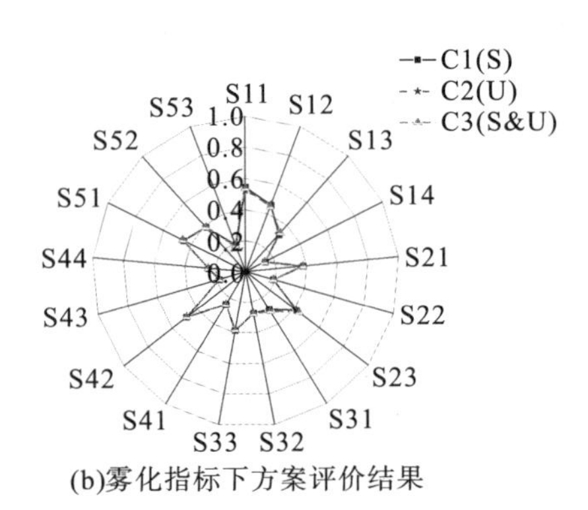

(b)雾化指标下方案评价结果

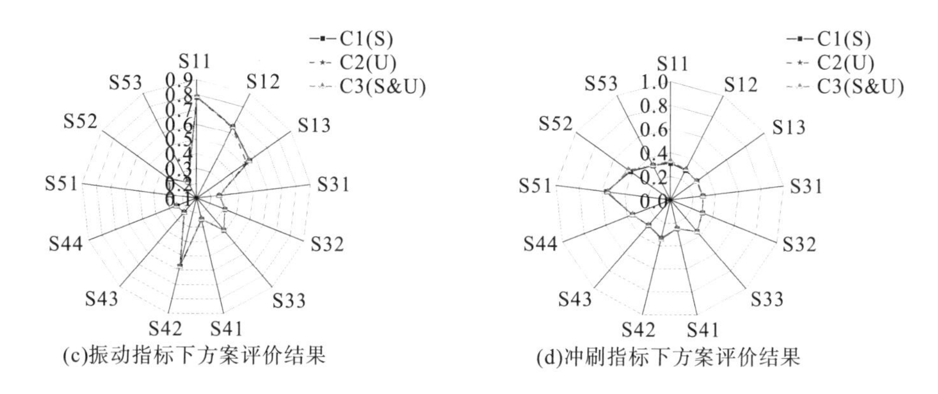

图6.12　向家坝水电站指标层评价结果

6.4　向家坝水电站泄洪消能环境影响模拟

本节利用第5章所建模型，分别从单项环境影响方面和综合环境影响方面对向家坝水电站系统-社会经济-生态环境系统模型进行仿真模拟。

6.4.1　情景设计

模拟计算的关键环节是情景设定，评价指标和准则的变化趋势与情景设计合理性息息相关。不同约束条件，综合评价结果呈动态变化的特点，预测运行工况对单项环境影响的演变规律，为环境减缓措施提供合理的建议。

根据6.3节不同水文年综合评价的结果，在保障工程运行安全的前提下，一级指标层评价等级严重的两个准则分别是生态环境和社会经济，TDG过饱和、雾化和振动是对一级指标层影响较大的二级指标。二级指标层方面，起关键影响作用的三级指标分别是泄洪流量和泄洪建筑物。泄洪流量选取依据两点内容：①保障工程运行安全，体现工程泄洪消能设计特点。向家坝水电站具有高水头、单宽流量大等特点，泄洪流量包含大、中、小的特点。②基于工程所在地的社会经济和生态环境要求，全面反映TDG过饱和和振动的影响程度。一级指标层评价关键因素选取生态环境和社会影响；二级指标层的关键影响因素是TDG过饱和和振动，模拟结果充分反映TDG过饱和和振动对下游居民生产生活的影响特点。综上所述，泄洪流量选择三个区间：较小洪水流量($5000m^3/s$和$8000m^3/s$)、常遇洪水流量($10000m^3/s$和$12000m^3/s$)以及较大洪水流量($16800m^3/s$)，情景设计如表6.26所示。

表 6.26 向家坝水电站泄洪消能情景工况设计

情景指标	计算范围	发电流量/(m^3/s)	泄洪建筑物	泄洪流量/(m^3/s)
TDG	坝后 4km	6400 (保证出力 98%)	中孔全开	5000 8000 10000 12000 16800
			表孔全开	
			左/右 5 中	
			左/右 6 表	
雾化	云天化幼儿园 (坝后 868m)		左 5 中+左 6 表	
			右 5 中+右 6 表	
			中孔全开+左 6 表	
			中孔全开+右 6 表	
振动	育才路		中孔全开+双池中间 8 表	
			表孔全开+左 5 中	
			表孔全开+右 5 中	
			中、表孔全开	

注：12 种泄洪建筑物，5 种泄洪流量，共计 60 个模拟工况。

6.4.2 模拟结果分析

1. 情景 1 结果分析

1) TDG 模拟结果

向家坝水电站采用底流消能，不同泄洪建筑物生成 TDG 差异性较小，影响 TDG 浓度的主控指标为泄洪流量。如图 6.13 所示，不改变其他运行条件，坝后 TDG 生成浓度随着下泄流量增加而增大。当泄洪流量较小时，中、表孔泄洪对 TDG 浓度的影响差别较小，中、表孔单独运行生成的 TDG 浓度最大相差 7.74%，当下泄流量为 16800m^3/s，工况为中孔全开时，坝后 TDG 最大浓度达到 146.5%，环境影响程度最大。向家坝坝后 1.8km 至 4.5km 处有两处珍稀水生动物保护区域，因此选取坝后 4km 处进行 TDG 浓度模拟计算。坝后 TDG 浓度随着泄洪流量波动较明显，各工况 TDG 生成浓度差异性较小，坝后 TDG 浓度的衰减程度较明显，当泄洪流量为 16800m^3/s 时，TDG 最大浓度为 134.6%，减少了 11.9 个百分点，沿程衰减幅度较大，对下游水生环境的影响程度处于可接受的状态，当泄洪流量较小时，各工况的 TDG 浓度均处于影响较小状态。较不利工况是中孔泄洪。

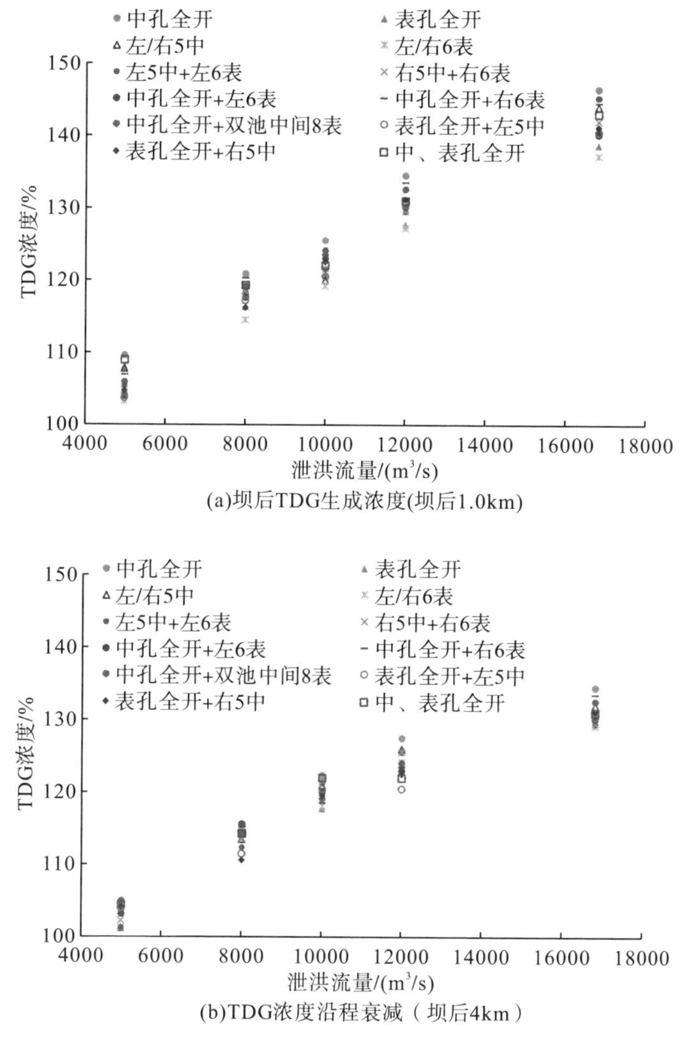

图 6.13　向家坝水电站 TDG 浓度模拟结果

2) 雾化模拟结果

向家坝泄洪建筑物的消能方式为底流消能，而底流消能产生的雾化影响主要是下泄过程中，水滴被裹挟进气体，生成雾源量较大，受自然风速风向和水舌风的共同影响下，缓慢扩散至下游较远的地方，在扩散过程中逐渐转换成较小的雨滴，相比于挑流消能，底流消能造成的雾化影响程度在可接受范围内。由图 6.14 发现，各种工况下水雾浓度的变化差距比较小，下泄流量 Q=16800m^3/s 时，雨雾浓度为 0.0142g/m^3；采用中孔单独泄洪工况时，产生的雨雾浓度较低，主要由于水舌下泄进入消力池迅速被淹没，受到隔墙的限制不易产生较大的雾源量，使得水雾不能及时向下游飘散，因此水雾浓度仅在消力池内部较高；在相同泄洪流量下，中、表孔同时运行时，经过碰撞水舌在消力池的淹没程度变小，导致雾源量浓度增加，水雾向下游扩散的程度增大，影响范围随之增大。尽管如此，水雾浓度依然较小，在岸坡附近不会产生雾化降雨现象，因此，对于向家坝泄洪引起的雾化降雨强度和降雨范围基本不会对周边环境产生影响。

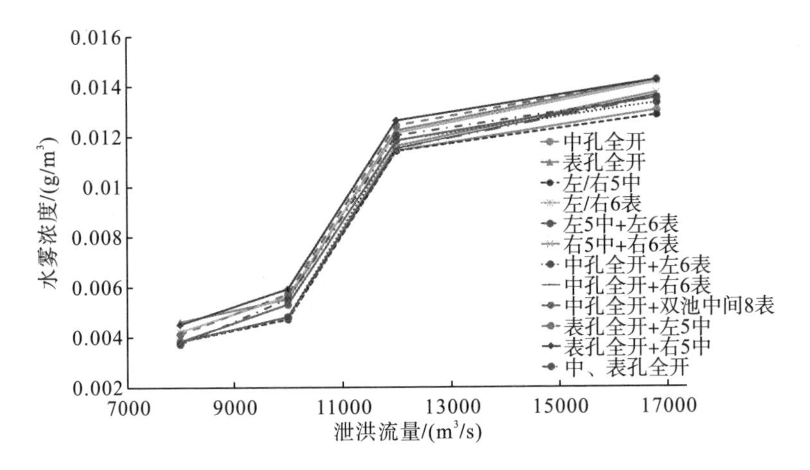

图 6.14　向家坝水电站雾化模拟结果

雾化程度的影响方式主要是改变区域生活区湿度和温度。选取云天化幼儿园为计算边界，图 6.15 是各工况下云天化幼儿园相对湿度和相对温度的变化曲线，由于底流消能雾化的影响程度较低，无论泄洪流量的大小，雾化引起的降雨强度和范围都较小，在风向为西北及相应平均风速为 1.3m/s 的条件下，大流量(16800m³/s)情况时，相对湿度增量为 0.165%，相对温度减小 0.0406℃。对

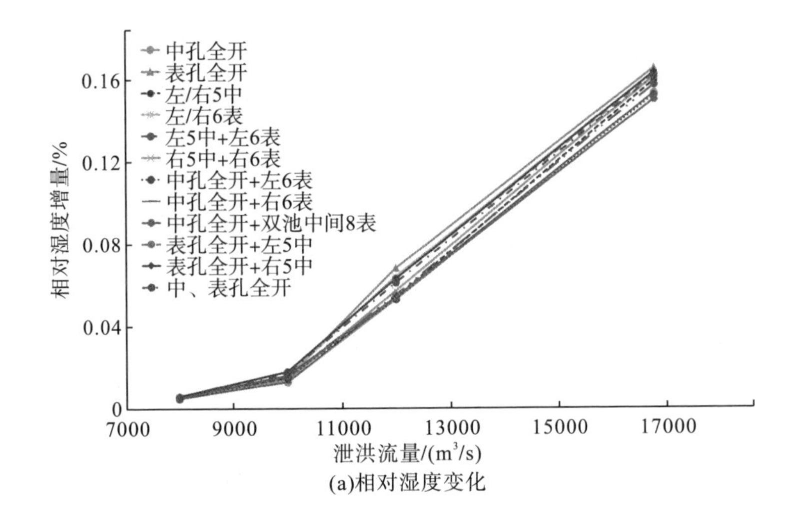

(a)相对湿度变化

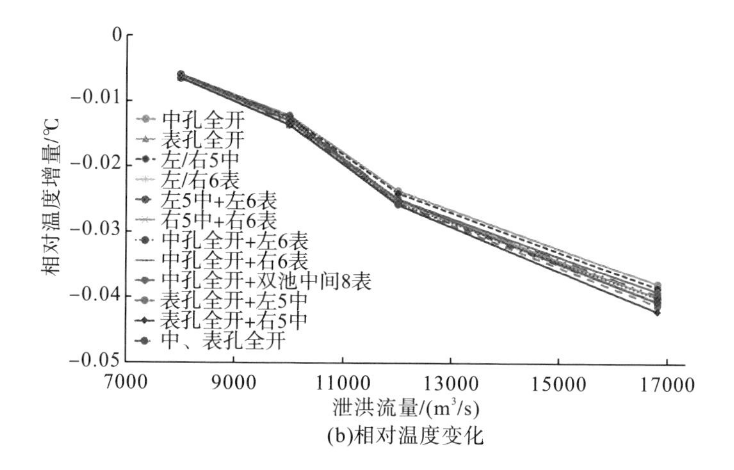

(b)相对温度变化

图6.15 云天化幼儿园相对湿度和相对温度变化模拟结果(距离坝轴线868m)

下游生产生活区气候基本不会产生影响，当流量较小(8000m^3/s)时，相对湿度增量为0.0059%，相对温度减小0.0057℃，总体的影响程度为较小。因此，在向家坝水电站运行-雾化耦合系统中，泄洪雾化基本不会对环境产生不利的影响。

3)振动模拟结果

百年一遇洪水泄洪时(消力池泄量16800m^3/s)，消力池导墙最大脉动压力均方根接近30kPa，而底板的脉动压力最大接近40kPa。由图6.16可以发现，当泄洪流量较小时，中孔泄流量对消力池底板产生较高的脉动压力值，而表孔泄洪产生的脉动压力值变化幅度较小，影响程度较低；当泄洪流量增大时，各工况对底板脉动压力幅值的影响均减小，其中以中孔泄洪的影响最大，表孔和联合运行次之。因此，工程实际运行方案中，表孔泄洪的工况是对工程安全运行较为有利的工况之一，在较大流量的情况下，中孔的脉动压力波动影响最明显。在较大流量的情况下，中、表孔联合运行的工况是对工程安全运行较有利的工况之一。

运行方式(泄洪建筑物的选择和孔口的组合方式)是影响振动的敏感性指标因素。系统动力学模拟结果表明，当泄洪流量相同时，相邻的中、表孔联合泄洪和相距较远的中、表孔联合运行情景下，振动的响应具有较大的差异性；单孔(中孔或表孔)全开和局开产生的振动结果差异性较大。泄洪流量越小，运行闸孔数量越多，单孔分配的泄洪流量越小，则振动响应影响程度越小。当泄洪流量相同或差异较小时，选择双池中、表孔全开的运行工况对振动响应程度最小，为相对较优工况。当孔口下泄的流量达到12000m^3/s时，振动加速度的最大值低于1.2cm/s^2，最大振动速度峰值为0.87mm/s，最不利的工况为中孔与双池中间8表孔全开；当泄洪流量为16800m^3/s时，振动加速度峰值均超过了5cm/s^2，振动速度峰值1.36mm/s，最不利的工况为中孔全开(图6.17)。

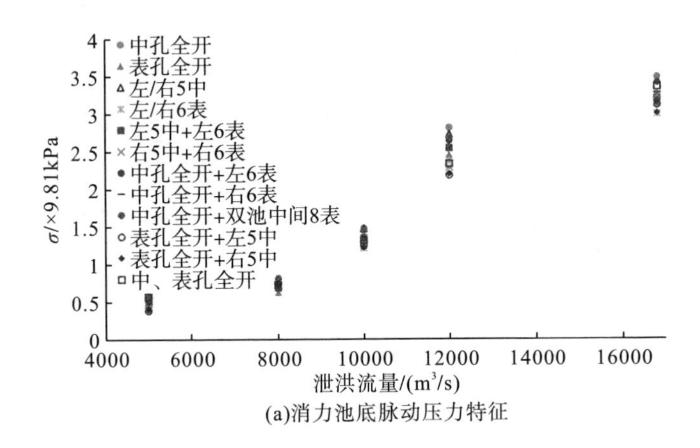

(a)消力池底脉动压力特征

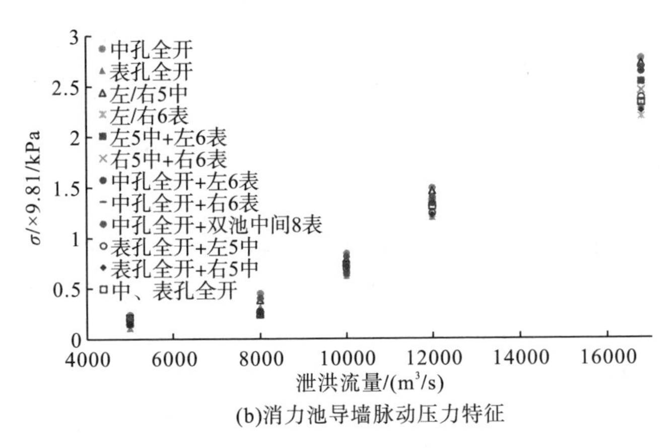

(b)消力池导墙脉动压力特征

图 6.16 振动产生脉动压力模拟结果

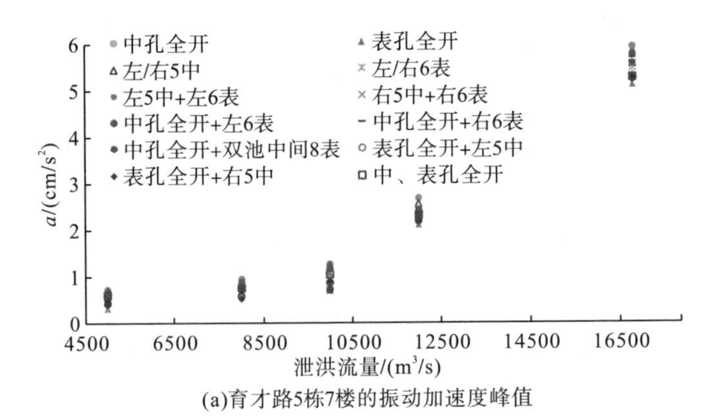

(a)育才路5栋7楼的振动加速度峰值

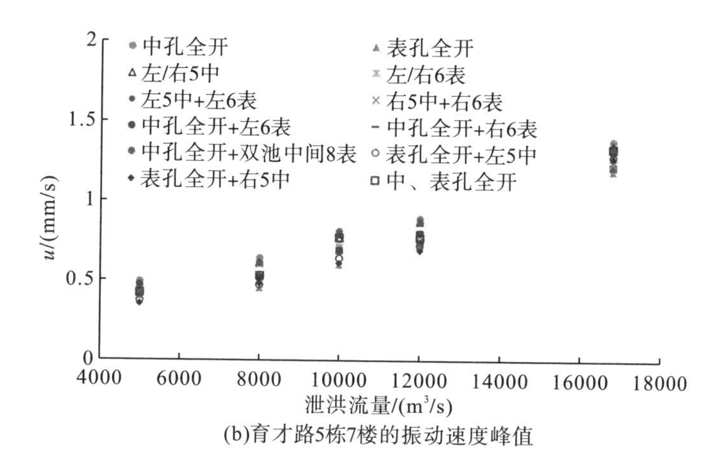

(b)育才路5栋7楼的振动速度峰值

图 6.17　振动对生活区影响程度

生活区的居民建筑受到低频振动会产生一定的影响，其容许范围一般采用《建筑工程容许振动标准》(GB 50868—2013)的规定进行分析，居住建筑物在 10Hz 以下的基本允许振动速度最大值一般要求不超过 5mm/s 和 2mm/s。在图 6.17(b)中，各种运行方案情景所产生的振动速度峰值均未达到规定允许值范围，因此可以表明，当泄洪流量小于 16800m^3/s 时，向家坝工程运行造成的振动不会对下游居民的居住建筑物的安全产生不利的影响。普通人能感知到振动产生的加速度的峰值一般不超过 1.5cm/s^2，因此当泄洪流量达到 16800m^3/s 时，中孔全开产生的振动加速度极大值超过 5cm/s^2，一般人群可以感应到振动并且影响人体的舒适度。

4)冲刷模拟结果

向家坝下游设置消力池进行防冲刷破坏，因而下泄水流对河床的冲刷破坏程度较小，在水电站-冲刷子系统中基本可以忽略其不利影响。

2. 一级指标仿真结果

通过直觉模糊评价模型对各工况一级准则综合影响等级进行计算，生态环境准则层关键的影响指标是 TDG 过饱和，对于 TDG 过饱和指标，当泄洪流量较大，各工况 TDG 生成浓度和衰减浓度对下游环境的影响程度均为影响较大，选择中、表孔联合或者表孔泄洪的运行方式，对 TDG 浓度的影响相对较小，为最优工况；当泄洪流量较小时，各工况 TDG 衰减浓度对下游环境的影响程度均为影响较小，相比于表孔和中、表孔联合运行工况，中孔单独运行生成的 TDG 浓度略高，因此优先选择表孔运行或中、表孔联合运行的方式(表 6.27)。

社会影响准则层关键的影响指标是振动对下游居民区生产生活的影响，由表 6.28 可知，中孔单独泄洪时，随着泄洪流量的减小，消力池底板受到的脉动荷载缓慢增大，而消力池边墙承受的脉动荷载缓慢减小，当选择中孔全开运行的工况时，消能建筑物底板所产生的脉动压力比较均匀。中、表孔联合运行时，随着泄洪流量的增大，消力池边墙承受的脉动荷载增大，边墙的脉动压强增大，相同流量下，中、表孔联合运行要比单独开启中孔对环境影响程度小。为使高速主流远离消力池过流壁面，泄洪建筑物选择原则如下：第一，泄洪时尽量减小两侧边表(中)孔的泄量；第二，同一消力池泄洪时表孔泄量大于中孔泄量为宜；第三，相同泄洪流量下，表孔全开的运行方式略优于中孔全开的运行方式。

表 6.27　向家坝水电站 TDG 浓度影响较小的运行方式(坝后 4km)

出库流量/(m^3/s)	泄洪流量/(m^3/s)	泄洪建筑物选择	TDG 浓度/%	影响程度
$Q_{\text{出库}}$≤11400	Q≤5000			
11400<$Q_{\text{出库}}$≤14400	5000<Q≤8000	单池中孔/单池表孔/中、表孔联合	<115	影响较小(Ⅳ)
14400<$Q_{\text{出库}}$≤16400	8000<Q≤10000			
16400<$Q_{\text{出库}}$≤18400	10000<Q≤12000	8 表孔(中间)+中孔全开	<120	影响一般(Ⅲ)
$Q_{\text{出库}}$=23200	12000<Q≤16800	中、表孔全开/表孔全开	<140	影响较大(Ⅱ)

表 6.28　向家坝水电站振动不同影响程度的运行方式

出库流量/(m^3/s)	泄洪流量/(m^3/s)	泄洪建筑物选择	最大振动加速度/(cm/s^2)	影响程度
$Q_{\text{出库}}$≤11400	Q≤5000	单池中孔全开/单池表孔全开		
11400<$Q_{\text{出库}}$≤14400	5000<Q≤8000	单 4 表孔(中)+5 中孔	<1	无影响(Ⅴ)
14400<$Q_{\text{出库}}$≤16400	8000<Q≤10000	8 表孔(中)+中孔全开		
16400<$Q_{\text{出库}}$≤18400	10000<Q≤12000	中、表孔全开	<1.2	无影响(Ⅴ)
$Q_{\text{出库}}$=23200	12000<Q≤16800	中、表孔全开/表孔全开	<2.0	影响较小(Ⅳ)

6.4.3　环境影响减缓措施

1. 减振抑振措施

向家坝水电站泄洪诱发低频振动主要有两个因素：一是采用高消能率的底流消能，消能率高，但更容易诱发场地振动效应，达 80%；二是场地振动频率与泄洪流量、泄洪时长、泄洪建筑物选择等密切相关。

根据实测资料向家坝水电站下游局部区域的房屋建筑物振动表现为低频连续型微幅随机振动并伴有冲击特征，振动是泄洪引起的，振源是消力池脉动荷载，振动主要通过底层向下游递减传播。对于向家坝泄洪振动，减振抑振的措施应从振源(消力池)和响应(建筑物)两方面入手。抑制振源激励作用，不考虑水流仅从结构入手，改变消力池结构的措施，不仅方案本身难以实现，而且可能对结构的安全性产生一定影响。较为可行的措施：一是减小消力池激励荷载。通过合理调度，多孔对称开启，尽可能采用表孔泄洪，改善流态，减小消力池脉动荷载，避免消力池(底板与导墙)整体结构的脉动荷载集中冲击的效应，即避免消力池局部区域脉动荷载过大，可以有效抑制振动响应。二是在消力池基础廊道灌注减缓振动的材料，可以抑制基础振动。三是从响应入手，对振动响应较大的建筑物采取各个击破的针对性加固与减振隔振措施。

2. 泄洪雾化

向家坝水电站采用底流消能，消力池内缺少水体的反弹和溅击现象，由池内抛向池外的水滴和水块的数量也远远不及挑流消能型式，因此其泄洪雾化的雨区、降雨强度比挑流消能型式小得多。

根据水电站运行-雾化耦合系统动力学模拟结果，向家坝泄洪引起的雨区影响范围基本集中在消力池十分有限的范围内，不会波及岸边，因此不会直接影响云天化厂区及生活区。对于泄洪引起的水舌风，由于泄洪建筑物泄流流程短，紧贴溢流面，形成风速场的源区范围较小，其对泄洪雾化产生的雾流扩散作用也十分有限，加上风涡在雾源产生处之后，雾流不易扩散出去，因此在云天化生活区空中含水量和自然状态下浓度相差无几，即水舌风对雾流扩散作用也不会影响云天化生活区和厂区。

3. TDG 过饱和

TDG 过饱和现象对下游生态环境会产生不利的影响，尤其是向家坝距离下游生活区很近，河道过饱和气体对下游渔业养殖等产生一定不利影响，因此需要采取措施，尽量减小 TDG 生成的浓度，从根源上对坝后 TDG 生成程度进行控制，由于汛期发电流量变幅较小，主要通过动态调节泄洪流量以及选择泄洪建筑物两个因素控制坝后 TDG 的浓度。

(1) 在库水位控制上采用动态水位调节，适当地提高汛限水位，从而动态调整泄洪流量，一方面充分利用洪水资源，另一方面可以降低 TDG 过饱和程度，减少 TDG 过饱和对下游环境的累积影响。

(2) 泄洪建筑物的选取方面，中、表孔联合运行使水垫塘底板产生较小的压强，水垫塘内水体的紊动对坝后 TDG 的释放产生一定的正面影响，因此在泄洪流量较大时，应尽量选取中、表孔联合运行方式，能够减轻坝后 TDG 的生成浓度。

(3) 优化泄洪调度方案，在丰水期间，将连续性泄洪方案改为间歇式泄洪，可以为溶解气体缓释以及鱼类规避提供时间。

第7章 结　论

本书的主要工作集中在以下几个方面：流域水电站项目运行对环境影响的评价研究、水电站泄洪消能环境影响因素筛选识别、泄洪消能环境影响指标评价标准与评价体系的研究、符合泄洪消能环境影响评价数学模型的构建以及水电站系统-社会经济-生态环境系统的仿真模拟。本书所取得的主要研究成果如下。

1. 以方案偏好信息为直觉判断矩阵的多属性评价方法研究

针对现有模糊集合以及偏好关系在决策问题中所存在的一些应用局限，提出了一系列能够综合全面反映决策者在不同决策环境下的犹豫性与不确定性的模糊集合与偏好关系，这一方面增强了偏好关系在不同决策环境中的应用灵活性，另一方面在一定程度上推进了模糊理论在决策领域的应用与发展。且针对不同的偏好关系给出了对应的、合理简洁的一致性定义，分别利用两种转换函数建立一些简洁的线性规划模型来确定属性的偏好信息，对不满足一致性的偏好关系提出了一系列的改进方法，从而避免了决策者给出自相矛盾的偏好信息。

本书建立了一系列更加合理有效的目标规划模型，其一方面可以简洁有效地对所提偏好关系进行一致性检验与修正，以尽可能保证决策结果的合理性与准确性；另一方面，所建立的规划模型在保证一致性的前提条件下得到了相对准确的优先级权重，从而能够帮助决策者选出最优方案，做出正确决策。

2. 基于直觉模糊与属性关系的评价方法研究

本书所提出的直觉模糊网络分析法考虑了决策属性间的依赖性和反馈性。直觉模糊网络分析法相较于层次分析法同时考虑了独立线性层次结构和非独立线性网络结构，使得决策属性间的依赖性和反馈性被考虑，更加贴近现实决策，弥补了层次分析法的劣势。本书所提出的直觉模糊网络分析法考虑了决策者表达偏好信息的模糊性和慎重性。相比于网络分析法，直觉模糊网络分析法更加细腻地描述了决策者在评价属性重要程度过程中的模糊性，在描述属性偏好时更符合人们的认知。同时，直觉模糊网络分析法使用得分函数来描述人们的偏好，避免了专家使用精确数字表达偏好，具有一定的客观性。

3. 泄洪消能环境影响综合评价指标的研究

针对当前泄洪消能产生的特殊水力学现象机理的模糊性、评价体系的缺失以及评价方法的不完善，采用客观方法研究了泄洪消能环境影响评价指标之间的相互关系，构建了能反映指标反馈、依存关系的综合评价体系，将环境影响程度分为四个准则：生态环境、河床演变、生活舒适度和工程运行安全，准则层共包含 4 个指标层，19 个子因素。采用相关度和系统特征关系矩阵进行客观的筛选，简化网络结构。通过对指标数据的极限值进行统计和分析，确定了指标的 4 个评价等级，并应用于实际工程的运行评价，为工程的决策评价提供了新的途径和方法。

4. 泄洪消能动态过程的仿真模拟

构建了水电站系统-社会经济-生态环境系统的动力学模型。模型是三个部分的有机整体：水电站运行体系、环境影响体系以及工程运行安全体系。其中，环境影响体系包括 TDG 过饱和模型、泄洪雾化模型、振动模型以及冲刷模型。水电站系统-社会经济-生态环境系统的评价体系既是构建环境影响评价与决策的基本要素，也是划分水电站系统-社会经济-生态环境系统模型边界的重要依据。基于水电站泄洪消能环境影响综合评价工作的缺失和不完善性，利用系统动力学模型进行了单项环境影响仿真试验。

总而言之，对水电站泄洪消能环境影响综合评价的基本理论、方法以及实际应用还有待深入研究，期待我国能够早日构建完善的水电站泄洪消能环境影响综合评价的理论、方法和应用体系。

参 考 文 献

[1] 李然, 李克锋, 李嘉,等. 关于我国高坝泄水总溶解气体过饱和影响问题的探讨[C]// 2012 高坝工程前沿论坛, 成都, 2012.

[2] Lian J J, Li C Y, Liu F, et al. A prediction method of flood discharge atomization for high dams[J]. Journal of Hydraulic Research, 2014, 52(2): 274-282.

[3] Xu W L, Deng J, Qu J X, et al. Experimental investigation on influence of aeration on plane jet scour[J]. Journal of Hydraulic Engineering, 2004, 130(2): 160-164.

[4] Lian J J, Liu X Z, Ma B. Safety evaluation and the static-dynamic coupling analysis of counter-arched slab in plunge pool[J]. Science in China Series E-Technological Sciences, 2009, 52(5): 1397-1412.

[5] 韩喜俊，渠立光，程子兵. 高坝泄洪雾化工程防护措施研究进展[J]. 长江科学院院报，2013，30(8): 63-69.

[6] Liu D, Lian J, Liu F, et al. An experimental study on the effects of atomized rain of a high velocity waterjet to downstream area in low ambient pressure environment[J]. Water, 2020, 12(2): 397.

[7] Lian J J, Zhang Y, Liu F, et al. Analysis of the ground vibration induced by high dam flood discharge using the cross wavelet transform method[J]. Journal of Renewable and Sustainable Energy, 2015, 7(4): 1783-1795.

[8] 焦亚栋. 水利水电工程建设对生态环境的影响——评《生态环境水利工程应用技术》[J]. 人民黄河, 2022, 44(2): 162.

[9] 张华, 宋佳星, 何贵成,等. 泄洪雾化对天气环境影响的松弛同化方法研究[J]. 水利学报, 2019, 50(10): 1222-1230.

[10] 许唯临. 高坝水力学的理论与实践[J]. 人民长江, 2020, 51(1): 166-173.

[11] Cervera M, Oliver J, Prato T. Thermo-chemo-mechanical model for concrete. I: Hydration and aging[J]. Journal of Engineering Mechanics, 1999,125(9): 1018-1027.

[12] Di Luzio G, Cusatis G. Hygro-thermo-chemical modeling of high-performance concrete. I: Theory[J]. Cement & Concrete Composites, 2009, 31(5): 301-308.

[13] Di Luzio G, Cusatis G. Solidification-microprestress-microplane（SMM）theory for concrete at early age: Theory, validation and application[J]. International Journal of Solids and Structures, 2013, 50(6): 957-975.

[14]杨永全, 汝树勋, 张道成, 等. 工程水力学[M]. 北京: 中国环境科学出版社, 2003.

[15] Wood C. Environmental Impact Assessment: A Comparative Review[M]. London: Routledge, 2014.

[16] Morgan R K. Environmental impact assessment: The state of the art[J]. Impact Assessment and Project Appraisal, 2012, 30(1): 5-14.

[17] Jay S, Jones C, Slinn P, et al. Environmental impact assessment: Retrospect and prospect[J]. Environmental Impact Assessment Review, 2007, 27(4): 287-300.

[18] Palerm J R. An empirical-theoretical analysis framework for public participation in environmental impact assessment[J]. Journal of Environmental Planning and Management, 2000, 43(5): 581-600.

[19] Annandale D. Developing and evaluating environmental impact assessment systems for small developing countries[J]. Impact Assessment and Project Appraisal, 2001, 19(3): 187-193.

[20] 薛联芳, 邱进生, 戴向荣. 流域水电开发规划环境影响评价指标体系的初步探讨[J]. 水电站设计, 2007, 23(3): 12-14.

[21] 张占云. 水利工程建设对环境影响及保护对策[J]. 科技信息, 2010, (9): 311.

[22] 赵文英. 水电工程建设项目环境影响后评价理论与方法[J]. 中外企业家, 2017, (14): 115, 117.

[23] 李宇巍. 基于环境承载力的水利工程环境影响评价指标体系研究[D]. 哈尔滨: 黑龙江大学, 2017.

[24] Ho W, Xu X W, Dey P K. Multi-criteria decision making approaches for supplier evaluation and selection: A literature review[J]. European Journal of Operational Research, 2010, 202(1): 16-24.

[25] Zhang G Q, Ma J, Lu J. Emergency management evaluation by a fuzzy multi-criteria group decision support system[J]. Stochastic Environmental Research and Risk Assessment, 2009, 23(4): 517-527.

[26] Yeh C H, Chang Y H. Modeling subjective evaluation for fuzzy group multicriteria decision making[J]. European Journal of Operational Research, 2009, 194(2): 464-473.

[27] Atanassov K T. Intuitionistic fuzzy sets[J]. Fuzzy Sets and Systems, 1986, 20 (1): 87-96.

[28] Xu Z S. Intuitionistic Fuzzy Information Aggregation: Theory and Applications[M]. Beijing: Science Press, 2008.

[29] Chen S M. Analyzing fuzzy system reliability using vague set theory[J]. International Journal of Applied Science and Engineering, 2003, 1(1): 82-88.

[30] Xu Z S. Intuitionistic preference relations and their application in group decision making[J]. Information Sciences: An International Journal, 2007, 177(11): 2363-2379.

[31] 郭嗣琮. 模糊数比较与排序的结构元方法[J]. 系统工程理论与实践, 2009, 29(3): 106-111.

[32] 汪新凡. 模糊数直觉模糊几何集成算子及其在决策中的应用[J]. 控制与决策, 2008, 23(6): 607-612.

[33] 戴厚平. 基于信息熵的区间直觉模糊多属性决策方法[J]. 重庆文理学院学报(自然科学版), 2009, 28(6): 1-4.

[34] Xu Z S. An error-analysis-based method for the priority of an intuitionistic preference relation in decision making[J]. Knowledge-Based Systems, 2012, 33: 173-179.

[35] Herrera-Viedma E, Alonso S, Chiclana F, et al. A consensus model for group decision making with incomplete fuzzy preference relations[J]. IEEE Transactions on Fuzzy Systems, 2007, 15(5): 863-877.

[36] Bordogna G, Fedrizzi M, Pasi G. A linguistic modeling of consensus in group decision making based on OWA operators[J]. Systems Man & Cybernetics Part A: Systems & Humans IEEE Transactions on, 1997, 27(1): 126-133.

[37] Kumar P, Singh S B. Fuzzy system reliability using intuitionistic fuzzy Weibull lifetime distribution[J]. International Journal of Reliability and Applications, 2015, 16(1): 15-26.

[38] Chiclana F, Herrera F, Herrera-Viedma E. Integrating multiplicative preference relations in a multipurpose decision-making model based on fuzzy preference relations[J]. Fuzzy Sets and Systems, 2001, 122(2): 277-291.

[39] 王坚强. 几类信息不完全确定的多准则决策方法研究[D]. 长沙: 中南大学, 2005.

[40] 徐玖平, 吴巍. 多属性决策的理论与方法[M]. 北京: 清华大学出版社, 2006.

[41] Ebrahimi B, Tavana M, Toloo M, et al. A novel mixed binary linear DEA model for ranking decision-making units with preference information[J]. Computers & Industrial Engineering, 2020, 149: 106720.

[42] Chiclana F, Tapia García J M, del Moral M J, et al. A statistical comparative study of different similarity measures of consensus in group decision making[J]. Information Sciences: An International Journal, 2013, 221: 110-123.

[43] 徐泽水, 孙在东. 一类不确定型多属性决策问题的排序方法[J]. 管理科学学报, 2002,(3): 35-39.

[44] 戚筱雯, 梁昌勇, 张恩桥,等. 基于熵最大化的区间直觉模糊多属性群决策方法[J]. 系统工程理论与实践, 2011,31(10): 1940-1948.

[45] 陈衍泰, 陈国宏, 李美娟. 综合评价方法分类及研究进展[J]. 管理科学学报, 2004, 7(2): 69-79.

[46] Saaty T L. Multicriteria decision making: The analytic hierarchy process: Planning, priority setting[J]. Resource Alocation, 1990, 2: 1-20.

[47] Franek J, Kresta A. Judgment scales and consistency measure in AHP[J]. Procedia Economics and Finance, 2014, 12: 164-173.

[48] 张晓慧, 冯英浚. 一种非线性模糊综合评价模型[J]. 系统工程理论与实践, 2005,(10): 54-59.

[49] Purba J H, Lu J, Zhang G Q, et al. A fuzzy reliability assessment of basic events of fault trees through qualitative data processing[J]. Fuzzy Sets and Systems, 2014, 243(16): 50-69.

[50] 刘思峰, 蔡华, 杨英杰,等. 灰色关联分析模型研究进展[J]. 系统工程理论与实践, 2013, 33(8): 2041-2046.

[51] Li A, Ismail A B, Thu K, et al. Performance evaluation of a zeolite-water adsorption chiller with entropy analysis of thermodynamic insight[J]. Applied Energy, 2014, 130: 702-711.

[52] 木仁, 唐格斯, 曹莉,等. 基于博弈理论的广义模糊数据包络分析方法[J]. 内蒙古大学学报(自然科学版), 2020, 51(3): 268-278.

[53] Gumus A T. Evaluation of hazardous waste transportation firms by using a two step fuzzy-AHP and TOPSIS methodology[J]. Expert Systems with Applications, 2009, 36(2): 4067-4074.

[54] 孟代江. 人工神经网络技术及其应用[J]. 电子技术与软件工程, 2016,(23): 16-16.

[55] 梅柠. 基于 AHP-熵值法的低碳绿色公路运输发展研究[D]. 大连: 大连海事大学, 2013.

[56] Torfi F, Farahani R Z, Rezapour S. Fuzzy AHP to determine the relative weights of evaluation criteria and Fuzzy TOPSIS to rank the alternatives[J]. Applied Soft Computing, 2010, 10(2): 520-528.

[57] Chen P Y. Effects of normalization on the entropy-based TOPSIS method[J]. Expert Systems with Applications, 2019, 136: 33-41.

[58] Von Bertalanffy L, Sutherland J W. General system theory: Foundations, development, applications[J]. IEEE Transactions on Systems, Man, and Cybernetics, 1974, SMC-4(6): 592.

[59] 涂序彦. 大系统控制论[M]. 北京: 国防工业出版社, 1994.

[60] DeMoyer C D, Schierholz E L, Gulliver J S, et al. Impact of bubble and free surface oxygen transfer on diffused aeration systems[J]. Water Research, 2003, 37: 1890-1904.

[61] Lu J, Li R, Ma Q, et al. Model for total dissolved gas supersaturation from plunging jets in high dams[J]. Journal of Hydraulic Engineering, 2019, 145(1): 04018082.

[62] Li R, Li J, Li K F, et al. Prediction for supersaturated total dissolved gas in high-dam hydropower projects[J]. Science in China Series E: Technological Sciences, 2009, 52(12): 3661-3667.

[63] Qu L, Li R, Li J, et al. Experimental study on total dissolved gas supersaturation in water[J]. Water Science and Engineering, 2011, 4(4): 396-404.

[64] Urban A L, Asce A M, Gulliver J S, et al. Modeling total dissolved gas concentration downstream of spillways[J]. Journal of Hydraulic Engineering, 134 (5): 550-561.

[65] Lu C. Ecological regulation for cascade power station based on the impact of total dissolved gas supersaturation to fish[D]. Chengdu: Sichuan University, 2016.

[66] Ma Q, Liang R F, Li R, et al. Operational regulation of water replenishment to reduce supersaturated total dissolved gas in riverine wetlands[J]. Ecological Engineering, 2016, 96: 162-169.

[67] Kamal R, Zhu D Z, Leake A, et al. Dissipation of supersaturated total dissolved gases in the intermediate mixing zone of a Regulated River[J]. Journal of Environmental Engineering, 2019, 145(2): 0001477.

[68] Shen X, Li R, Hodges B R, et al. Experiment and simulation of supersaturated total dissolved gas dissipation: Focus on the effect of confluence types[J]. Water Research, 2019, 155: 320-332.

[69] Huang J P, Li R, Feng J J, et al. Relationship investigation between the dissipation process of supersaturated total dissolved gas and wind effect[J]. Ecological Engineering, 2016, 95: 430-437.

[70] Shen X, Liu S, Li R, et al. Experimental study on the impact of temperature on the dissipation process of supersaturated total dissolved gas[J]. Journal of Environmental Science, 2014, 26(9): 1874-1878.

[71] 张丹. 基于气泡动力学的高坝下游总溶解气体过饱和生成机理及浓度预测模型研究[D]. 贵阳: 贵州大学, 2021.

[72] Deng Y X, Cao C Y, Liu X Q, et al. Effect of total dissolved gas supersaturation on the survival of bighead carp (hypophthalmichthys nobilis)[J]. Animals, 2020, 10(1): 166.

[73] Wang Y M, Liang R F, Li K F, et al. Tolerance and avoidance mechanisms of the rare and endemic fish of the upper Yangtze River to total dissolved gas supersaturation by hydropower stations[J]. River Research and Applications, 2020, 36(7): 993-1003.

[74] 刘进军, 韩爽, 孔德勇,等. 白山电站泄洪雾化原型观测与模型试验研究[J]. 东北水利水电, 2002, 20(2): 41-45.

[75] 王继刚, 汤国庆, 罗永钦. 大岗山水电站泄洪洞泄洪雾化观测成果分析[J]. 西北水电, 2019,(1): 77-80.

[76] 陈惠玲. 小湾水电站泄洪雾化研究[J]. 云南水力发电, 1998, 14(4): 51-55.

[77] 李旭东, 游湘, 黄庆. 溪洛渡水电站枢纽泄洪雾化初步研究[C]//水工水力学学术讨论会, 南京, 2004.

[78] 吴时强, 吴修锋, 周辉,等. 底流消能方式水电站泄洪雾化模型试验研究[J]. 水科学进展, 2008,(1): 84-88.

[79] 练继建, 刘昉. 洪口水电站泄洪雾化数学模型研究[C]//第二届全国水力学与水利信息学学术大会, 成都, 2005.

[80] 洪振国, 苟勤章, 李海华. 水利工程溢洪道底流消能水力特性分析[J]. 排灌机械工程学报, 2022, 40(3): 258-263.

[81] 柳海涛, 孙双科, 刘之平,等. 泄洪雾化预测的人工神经网络方法探讨[J]. 水利学报, 2005, 36(10): 1241-1245.

[82] 刘东海, 崔广涛, 钟登华,等. 泄洪雾化的粒子系统模拟及三维可视化[J]. 水利学报, 2005,(10): 1194-1198, 1203.

[83] 张宇鹏, 黄国兵, 徐勤勤. 挑流泄洪雾化降雨强度的模糊综合评判预报[J]. 长江科学院院报, 2007,(1): 1-3.

[84] 何贵成. 基于 WRF 模式和 SPH 的泄洪雾化数值模拟研究[D]. 北京: 华北电力大学, 2017.

[85] Blevins R D, Plunkett R. Formulas for natural frequency and mode shape[J]. Journal of Applied Mechanics, 1980, 47(2): 461.

[86] Naudascher E. Flow-induced streamwise vibrations of structures[J]. Journal of Fluids and Structures, 1987, 1(3): 265-298.

[87] Weaver T A, Woosley S E. The evolution and explosion of massive stars[J]. Annals of the New York Academy of Sciences, 1980, 336(1): 335-357.

[88]谢省宗. 闸门振动的流体弹性理论[J]. 水利学报, 1963,(5): 64-67.

[89] Gao W. Natural frequency and mode shape analysis of structures with uncertainty[J]. Mechanical Systems and Signal Processing, 2007, 21(1): 24-39.

[90] 吴杰芳,余岭,陈敏中,等. 高拱坝泄洪振动水弹性模型研究[J]. 长江科学院院报,1999，(5): 40-44, 52.

[91] 杨敏. 高坝消力塘水动力特性与防护结构的安全研究[D]. 天津: 天津大学, 2003.

[92] 练继建, 马斌, 李福田. 高坝流激振动响应的反分析方法[J]. 水利学报,2007,38(5): 575-581.

[93] 张林让, 吴杰芳, 曹晓丽, 等. 构皮滩拱坝坝身泄洪振动水弹性模型试验研究[J]. 长江科学院院报,2009,26(2): 36-40.

[94] 王兆荣, 程万正, 李万明, 等. 向家坝库首区地脉动与水库泄洪激发的振动特征分析[J]. 自然灾害学报,2014,23(3): 257-266.

[95] 李国栋, 李珊珊, 牛争鸣. 表孔、底孔联合泄洪流场数值模拟与冲刷趋势分析[J]. 四川大学学报(工程科学版), 2016, 48(3): 26-34.

[96] 杨弘. 二滩水电站水垫塘底板动力响应特性与安全监测指标研究[D]. 天津: 天津大学, 2004.

[97] 娄诗建, 高远. 多级消能溢洪道消能防冲 FLOW-3D 数值模拟研究[J]. 中国水能及电气化, 2020,(7): 33-37.

[98] 许晓春, 刘湘伟, 付京城. 水利工程对生态环境的影响后评价体系研究[J]. 水利水电技术, 2020, 51(S2): 322-325.

[99] 徐鑫, 倪朝辉, 沈子伟, 等. 跨流域调水工程对水源区生态环境影响及评价指标体系研究[J]. 生态经济, 2018, 34(7): 174-178.

[100] 李然, 李嘉, 李克锋, 等. 高坝工程总溶解气体过饱和预测研究[J]. 中国科学(E 辑: 技术科学), 2009, 39(12): 2001-2006.

[101] 李然, 李克锋, 冯镜洁, 等. 水坝泄水气体过饱和对鱼类影响及减缓技术研究综述[J]. 工程科学与技术, 2023, 55(4): 91-101.

[102] 刘睿. 金沙江上游梯级联合泄洪对下游河段总溶解性气体过饱和累积影响研究[C]// 第二届中西部地区流域水生态环境保护研讨会暨四川省水力发电工程学会 2019 年学术交流会, 成都, 2019.

[103] 徐建荣, 柳海涛, 彭育, 等. 基于泄洪雾化影响的白鹤滩水电站坝身泄洪调度方式研究[J]. 中国水利水电科学研究院学报, 2021, 19(5): 449-468.

[104] 薛万云, 杨家修, 杜帅群,等. 基于 CFD 的挑流泄洪雾化特性研究[J]. 水利水电科技进展, 2020, 40(4): 16-20.

[105] 曾少岳, 张永涛, 张苾萃,等. 向家坝水电站泄洪雾化及其影响分析[J]. 水力发电, 2019, 45(12): 54-58.

[106] 骆建军. 锦屏一级水电站泄洪洞泄洪雾化及防护对策[J]. 智能城市，2019, 5(10): 180-181.

[107] 余凯文, 韩昌海. 高拱坝枢纽工程泄洪调度方式对雾化的影响分析[J]. 水利水运工程学报, 2019,(4): 74-82.

[108] 廖伟,朱正君. 电站泄洪振动影响监测分析及对策措施研究[J]. 水电站设计, 2020, 36(4): 91-94.

[109] 杨敏, 崔广涛. 水工结构流激振动的综合集成探讨[J]. 水力发电学报, 2008, 27(1): 102-110.

[110] 郭捷山. 向家坝泄洪诱发低频声波引起房屋卷帘门振动研究[D]. 天津: 天津大学, 2014.

[111] Mamat N J Z, Adam A. A comparison between singular value decomposition and eigenvector method in group decision making[J]. Journal of Quality Measurement & Analysis, 2008, 4(1): 109-117.

[112] 乔建刚, 陈诚. 基于特征根理论的水运工程地方标准体系研究[J]. 标准科学, 2015, (3): 14-17.

[113] 国家环境保护局. GB 10070—1988 城市区域环境振动标准[S]. 北京: 中国标准出版社, 1989.

[114] 中华人民共和国住房和城乡建设部. GB/T 50355—2018 住宅建筑室内振动限值及其测量方法标准[M]. 北京: 中国建筑工业出版社, 2018.

[115] Liao H C, Xu Z S. Priorities of intuitionistic fuzzy preference relation based on multiplicative consistency[J]. IEEE Transactions on Fuzzy Systems, 2014, 22(6): 1669-1681.

[116] 李美娟, 易思成, 邱启荣, 等. 基于 TOPSIS 的动态三角模糊多属性决策方法[J]. 系统科学与数学, 2022, 42(3): 614-625.

[117] Ahmadini Ali H A, Ahmad F. A novel intuitionistic fuzzy preference relations for multiobjective goal programming problems[J]. Journal of Intelligent & Fuzzy Systems, 2021, 40(3): 4761-4777.

[118] Zhang F, Ju Y B, Dong P W, et al. A fuzzy evaluation and selection of construction and demolition waste utilization modes in Xi' an, China[J]. Waste Management & Research, 2020, 38(7): 972-801.

[119] Xu Z S, Liao H C. A survey of approaches to decision making with intuitionistic fuzzy preference relations[J]. Knowledge-Based Systems, 2015, 80(5): 131-142.

[120] Wang F, Wan S P. A comprehensive group decision-making method with interval-valued intuitionistic fuzzy preference relations[J]. Soft Computing, 2021, 25(1): 343-362.

[121] Behret H. Group decision making with intuitionistic fuzzy preference relations[J]. Knowledge-Based Systems, 2014, 70: 33-43.

[122] Zhang Z, Chen S M. Optimization-based group decision making using interval-valued intuitionistic fuzzy preference relations[J]. Information Sciences: An International Journal, 2021, 561(1): 352-370.

[123] Zheng Y F, Xu J, Chen H Z. TOPSIS-based entropy measure for intuitionistic trapezoidal fuzzy sets and application to multi-attribute decision making[J]. Mathematical Biosciences and Engineering: MBE, 2020, 17(5): 5604-5617.

[124] Liu F, Tan X, Yang H, et al. Decision making based on intuitionistic fuzzy preference relations with additive approximate consistency[J]. Journal of Intelligent & Fuzzy Systems, 2020, 39(3): 4041-4058.

[125] Xu J P, Zhou X Y. Approximation based fuzzy multi-objective models with expected objectives and chance constraints: Application to earth-rock work allocation[J]. Information Sciences, 2013, 238: 75-95.

[126] Dubois D. Possibility theory[J]. An Approach to Computerized Processing of Uncertainty, 2012, 2(2): 2074.

[127] 陈鹏宇. 多指标综合评价方法中的指标互补性研究[J]. 统计与决策, 2021, 37(22): 22-26.

[128] Xu Z S. Intuitionistic fuzzy aggregation operators[J]. IEEE Transactions on Fuzzy Systems, 2007, 15(6): 1179-1187.

[129] Chen S M, Tan J M. Handling multicriteria fuzzy decision-making problems based on vague set theory[J]. Fuzzy Sets and Systems, 1994, 67(2): 163-172.

[130] 邓丽, 李政霖, 华坚. 基于系统动力学的重大水利工程项目社会经济生态交织影响研究[J]. 水利经济, 2017, 35(4): 16-23.

[131] Wang L X, Wei X H, Bishop K, et al. Vegetation changes and water cycle in a changing environment[J]. Hydrology & Earth System Sciences, 2018, 22(3): 1731-1734.

[132] Liu Y Y, Sun C Z, Xu S G. Eco-Efficiency Assessment of Water Systems in China[J]. Water Resources Management, 2013, 27(14): 4927-4939.

[133] Zhou X Y, Wang F E, Huang K, et al. System dynamics-multiple objective optimization model for water resource management: A case study in Jiaxing city, China[J]. Water, 2021, 13(5): 671.

[134] 张华. 水电站泄洪雾化理论及其数字模型的研究[D]. 天津: 天津大学, 2003.

[135] 练继建, 刘丹, 刘昉. 中国高坝枢纽泄洪雾化研究进展与前沿[J]. 水利学报, 2019, 50(3): 283-293.

[136] 张建民. 高坝泄洪消能技术研究进展和展望[J]. 水力发电学报, 2021, 40(3): 1-18.

[137] 肖兴斌, 袁玲玲. 高拱坝泄洪消能防冲技术发展与应用述评[J]. 水电站设计, 2003, 19(1): 59-63.

[138] Wang Z H, Lu J Y, Yuan Y Q, et al. Experimental study on the effects of vegetation on the dissipation of supersaturated total dissolved gas in flowing water[J]. International Journal of Environmental Research and Public Health, 2019, 16(13): 2256.

[139] 曲璐, 李然, 李嘉, 等. 高坝工程总溶解气体过饱和影响的原型观测[J]. 中国科学(E 辑: 技术科学), 2011, 41(2): 177-183.

[140] 孙双科, 刘之平. 泄洪雾化降雨的纵向边界估算[J]. 水利学报, 2003, (12): 53-58.

[141] 张华, 练继建. 底流泄洪雾化对下游环境影响预测[J]. 华北电力大学学报(自然科学版), 2005, 32(1): 107-112.

[142] 刘士和,曲波. 泄洪雾化溅水区长度深化研究[J]. 武汉大学学报(工学版), 2003, 36(5): 5-8.

[143] 熊贤禄, 熊泽璋. 二滩溢流坝表孔泄洪时水垫塘动压和冲刷的研究[J]. 水电站设计, 1991, 7(4): 59-64.

[144] 张晓东, 梁川, 付强,等. 用能量法计算隧洞出口挑流下游基岩冲刷[J]. 四川大学学报(工程科学版), 2003, 35(2): 27-30.

[145] 许志雯, 赵兰浩, 杜帅群, 等. 高坝泄洪诱发场地振动响应分析及传播规律[J]. 水利水电科技进展, 2021,41(2): 36-41, 74.